高职高专院校创新课程系列规划教材

电工电子技术

主　编　周永闯

副主编　张红丽　周俊玲　张小龙

参　编　李永春

主　审　张长富

电子工业出版社

Publishing House of Electronics Industry

北京·BEIJING

内 容 简 介

本书内容充分考虑高职高专学生目前的知识层次、学习能力和应用能力的实际情况，以"必须、够用"为原则，采用项目式教学形式，全面、系统、深入地讲述了电工技术和电子技术的基本知识和技能培养。具体内容包括：直流电路的基本分析方法、正弦交流电路的基本分析方法变压器的使用与维护电动机及控制技术、半导体器件、集成运放及其应用、数字电路基础。

本书具有内容新，理论深度适当，实用性、实践性强等特点。注重基本概念、基本原理和基本分析方法的阐述，注重联系工程实际，突出理论知识的实用性和适度性，可作为高职高专非电类专业的教材，同时也可以作为广大电学爱好者和相关专业的工程技术人员的参考书。

图书在版编目（CIP）数据

电工电子技术 / 周永闯主编. —北京：电子工业出版社，2017.9

ISBN 978-7-121-31632-6

Ⅰ. ①电… Ⅱ. ①周… Ⅲ. ①电工技术—职业教育—教材②电子技术—职业教育—教材 Ⅳ. ①TM②TN

中国版本图书馆 CIP 数据核字（2017）第 119316 号

策划编辑：刘少轩（liusx@phei.com.cn）
责任编辑：裴　杰
印　　刷：北京盛通商印快线网络科技有限公司
装　　订：北京盛通商印快线网络科技有限公司
出版发行：电子工业出版社
　　　　　北京市海淀区万寿路 173 信箱　邮编　100036
开　　本：787×1 092　1/16　印张：15.5　字数：396.8 千字
版　　次：2017 年 9 月第 1 版
印　　次：2019 年 10 月第 3 次印刷
定　　价：32.00 元

随着职业教育的改革与发展，尤其是高等职业教育的深入发展，根据"以服务为宗旨、以就业为导向、以能力为本位"的指导思想，跟踪当前电工电子技术的新发展，按照"教学做"环节的需要编写了本书。其编写宗旨是通俗易懂、实用好学，指导初学者快速入门、步步提高、逐渐精通。

本书结合高等职业教育的特点，采用项目式教学体系，以学习任务为主线进行授课内容的衔接，每个任务都有相关的任务目标、知识链接、知识拓展、实践操作、练习与思考模块。

本书为专业基础课程，其任务是使学生具备从事电类相关职业工种必需的电工电子通用技术的基本知识、基本方法和基本技能，并为学生从事后续课程、提高全面素质、形成综合职业能力打下基础。

本书分为7个项目，分别为：直流电路的基本分析方法、正弦交流电路的基本分析方法、变压器的使用与维护、电动机及控制技术、半导体器件、集成运放及其应用、数字电路基础。各个项目内容翔实，任务明确，步骤清晰。

本书在编写的过程中，得到了郑州电力职业技术学院任课教师的大力支持，并对编写大纲进行审定；在修订过程中，张长富教授提出了许多宝贵意见，并进行了认真的校对，在此表示感谢。由于本书涉及的专业面较广，以及编者水平有限，书中难免存在疏漏和不足，敬请广大读者批评指正。

编　者

目 录

CONTENTS

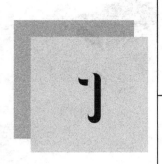

项目一
直流电路基本分析方法

教学导航

本项目介绍电路的基本概念、基本定律和基本的分析方法。主要有电路的组成和作用、电路和电路模型、电路的基本物理量、电压和电流的参考方向、电位的概念及计算、电路的基本定律（欧姆定律和基尔霍夫定律、叠加定理、戴维南定理）、电路的工作状态。

任务 1-1　电路基本物理量测量

1. 任务目标

（1）掌握电路的组成及电路模型的概念。

（2）掌握电压、电流、电位、功率的概念。

（3）掌握电流的测量分析方法。

（4）掌握电压、电位的测量分析方法。

（5）掌握功率的测量方法。

（6）掌握功率的计算方法。

（7）掌握电路的三种工作状态。

2. 实践操作

1）认识元件、连接电路

（1）元件模型。在电工电子技术的电路原理图中，不可能把每个元件都完全按照其原形画出来，而只能用一些特定符号来表示它们，这些符号就叫电路符号。

电路元件的模型由一些具有单一物理性质的理想电路元件构成。基本理想元件有 5 种，它们是电阻元件、电感元件、电容元件、理想电压源和理想电流源。因这些元件只有两个连接端子，故又称为二端元件，其实物模型和电路模型如图 1-1-1 所示。

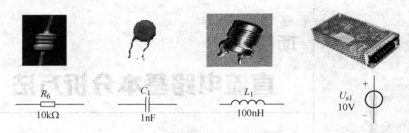

图 1-1-1　元件的实物模型和电路模型

（2）按照如图 1-1-2 所示连接电路。

2）测量分析直流电路的电流

（1）直流电流表的使用。在测量直流电路的电流时，需要将直流电流表串联接入电路中，如图 1-1-3 所示，让电流图中的参考电流从直流电流表的正极流入，负极流出；同时还要正确估计被测值的大小，从而选取合适的电流量程（注：电流表的内阻很小，在某些情况下，可以忽略不计，所以串联接入电路可以忽略其对电路特性的影响）。

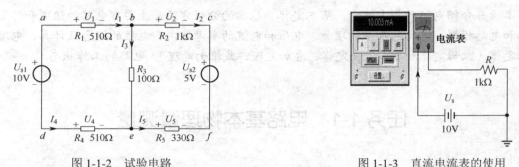

图 1-1-2　试验电路　　　　　　　　　　　图 1-1-3　直流电流表的使用

（2）测量分析直流电流。将电流表按照如图 1-1-3 所示的方法分别串联接入如图 1-1-2 所示的电路图中标有电流 I_1、I_2、I_3、I_4、I_5 的地方，分别测量以上 5 处的电流，然后填入表 1-1-1 中，并进行分析。

表 1-1-1　电流测量记录表

元件电流	I_1	I_2	I_3	I_4	I_5
测量值/A					
结论					

▶▶通过测量是否发现 I_1 和 I_4 的值大小相等，但符号相反。这就说明了对一个复杂的电路，如果一开始不知道电流的实际方向，我们可以先假设一个电流方向，然后用电流表进行正确的测量，如果测量的值为正，说明实际电流的方向和假设方向是一致的，否则相反。

3）测量分析直流电路的电压和电位

（1）直流电压表的使用。在测量直流电路中某个元件两端的电压时，需要将直流电压表的两端并联在待测元件的两端，如图 1-1-4 所示，直流电压表的正极接元件参考电压的**正极**（标有"+"的一端），负极接元件参考电压的**负极**（标有"-"的一端），选择合适的量程后进行测量。测量电位时直流电压表的负极接参考点（一般选地为参考点），直流电压表的内阻很大，并联在元件两端的情况下可以忽略它对电路的影响。

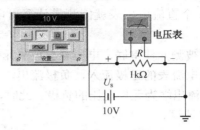

图 1-1-4　直流电压表的使用

（2）测量分析直流电位。以图 1-1-2 中的 a 点作为电位参考点，分别测量 b、c、d、e、f 各点的电位值。测量方法：用电压表的黑表笔固定接 a 点，分别用红表笔接 b、c、d、e、f 各点，此时测得的电压值即为各点相对于 a 这个参考点的电位值。同理，再以 b 点为电位的参考点，分别测量其他点的电位值，填入表 1-1-2 中。

表 1-1-2　电位测量记录表

电位参考点	V_a	V_b	V_c	V_d	V_e	V_f
a						
b						

▶▶通过测量是否发现 a 点相对 a 点的电位为 0V，b 点相对 b 点的电位为 0V；电位参考点不一样时，其他各点的电位就不一样。这就说明了电位是一个<u>相对量</u>，对于不同的参考点，其值是不同的。学生们要深刻理解和掌握电位的这一重要特点。

（3）测量分析直流电压。分别以图 1-1-2 中的 a、b、c、d、e、f 点作为电位参考点，测量 b、c、d、e、f、a 各点的电位值，即可得到相邻两点间的电压值 U_{ab}、U_{bc}、U_{cd}、U_{de}、U_{ef}、U_{fa}，即元件的电压值，测得的数据填入表 1-1-3 中。

表 1-1-3　电压测量记录表

元件电压	U_{ab}	U_{bc}	U_{cd}	U_{de}	U_{ef}	U_{fa}
测量值/V						
计算值 a/V						
计算值 b/V						

备注：计算值要根据表 1-1-2 中的数值进行计算，计算值 a 和计算值 b 是以不同参考点的数值进行计算的电压值。方法举例：$U_{ab}=V_a-V_b$，其他类似。要注意的是，一定要用下标第一个字母的电位减下标第二个字母的电位。

▶▶通过测量是否发现不论是测量值还是按照表 1-1-2 的计算值，电压的数值都一样，而且无论是以 a 或以 b 为参考点，其电压值都不改变；电位参考点不一样时，各点的电压保持不变，这就说明了电压是一个<u>绝对量</u>，对于不同的参考点，其值是相同的。学生们要深刻理解和掌握电压的这一重要特点。

4）测量分析直流电路的功率

使用一个直流电流表和一个直流电压表就能测量计算出电路元件的功率，具体电路如图 1-1-5 所示。

在测量功率时，电流表与被测元件串联，电压表与被测元件并联，但要注意的一点是：电路图中的参考电流一定要从电流表的正极流入，负极流出，而且规定电路中的元件参考电流流入端为元件电压的正极，流出端为元件电压的负极。此时，元件的功率用公式 $P=UI$ 计算，否则元件的功率用 $P=-UI$ 计算。

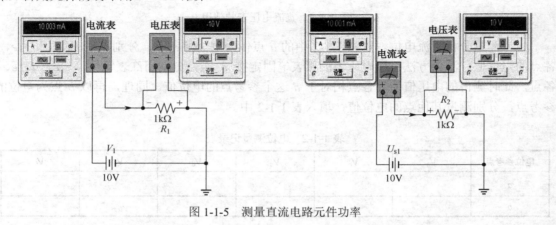

图 1-1-5　测量直流电路元件功率

从图 1-1-5 中我们可以看出左边的图参考电流从元件电压的负极流入，所以测出来的电压值为负值，和以上的规定不一致，所以功率应用公式 $P=-UI$ 计算。而右图功率用公式 $P=UI$ 计算，两者计算出的功率值是一样的。

重点注意事项：以后在分析电路的功率时，一定要保证参考电流从元件的正极流向负极。

按照如图 1-1-6 所示接线，其中 $U_{s1}=12V$，$U_{s2}=6V$，测量两个电压源和两个电阻的电压和电流，然后计算各元件的功率。数据填入表 1-1-4 中。

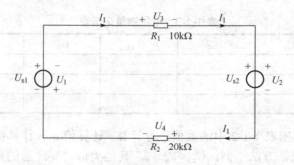

图 1-1-6　元件串联电路

表 1-1-4　电压测量记录表

被测元件 测量项目	U_{s1}	U_{s2}	R_1	R_2
电压/V				
电流/A				
功率/W				

▶▶通过测量是否发现 U_{s1} 发出功率，但 U_{s2} 吸收功率。需要注意的是，无论参考电流如何流向，元件一定要保证电流从元件电压正极流入，负极流出，且整个<u>电路正功率和负功率的和为零，满足能量守恒</u>。并且规定 $P>0$，为吸收功率；$P<0$，为发出功率。

5）测量交流电路的电压、电流

（1）交流电流表。交流电流表与直流电流表不同，它不用区分正、负极，只需选择适当的量程将其串入电路即可。

（2）交流电压表。交流电压表与直流电压表不同，它也不用区分正、负极，只需选择适当的量程将其并联在待测电路两端即可。

 知识链接

1.1　电路基本概念和基本物理量

1.1.1　电路基本概念

（1）电路的定义：电流通过的路径叫电路。

（2）电路的组成：手电筒电路、单个照明灯电路是实际应用中较为简单的电路，而电动机电路、雷达导航设备电路、计算机电路、电视机电路是较为复杂的电路，但不管简单还是复杂，<u>电路的基本组成部分都离不开三个基本环节：电源、负载和中间环节（导线、开关）。</u>如图 1-1-7 所示为手电筒照明电路。

（3）电路的作用：工程应用中的实际电路，按照功能的不同可概括为两大类：<u>一是完成能量的传输、分配和转换的电路</u>，这类电路的特点是大功率、大电流，如家中的照明电路，电能传递给灯，灯将电能转化为光能和热能；<u>二是实现对电信号的传递、变换、储存和处理的电路</u>，如图 1-1-8 所示为一个扩音机的工作过程。话筒将声音的振动信号转换为电信号即相应的电压和电流，经过放大处理后，通过电路传递给扬声器，再由扬声器还原为声音。这类电路的特点是小功率、小电流。

（4）电路模型：在电路理论中，为了方便实际电路的分析和计算，通常在工程实际允许的条件下对实际电路进行模型化处理。我们将实际电路器件理想化而得到的只具有某种单一电磁性质的元件称为理想电路元件，简称电路元件。由理想电路元件相互连接组成的电路称为电路模型。例如，如图 1-1-7 所示电路，电池对外提供电压的同时，内部也有电阻消耗能量，所以电池用其电动势 E 和内阻 R_0 的串联表示；灯泡除了具有消耗电能的性质（电阻性）外，通电时还会产生磁场，具有电感性。但电感微弱，可忽略不计，于是可认为灯泡是一电阻元件，用 R 表示。如图 1-1-9 所示为图 1-1-7 的电路模型。

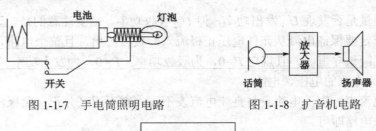

图 1-1-7　手电筒照明电路　　　　图 1-1-8　扩音机电路

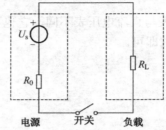

图 1-1-9　手电筒照明电路的电路模型

1.1.2　电路基本物理量

1. 电流

1）电流的定义

带电粒子（电子、离子等）的有序运动形成电流。电流的大小用单位时间内通过导体截面的电荷量表示。按照国际标准大写字母表示直流，小写字母表示交流（本书后续内容都是如此，不再说明），即 I 表示直流电流，i 表示交流电流，因此有：

$$i(t) = \frac{dq}{dt} \quad \text{或} \quad I = \frac{Q}{t} \tag{1-1-1}$$

式中：Q 和 q 表示电荷，国际单位为库[仑]，符号为 C；

　　　t 表示时间，国际单位为秒，符号为 s；

　　　I 和 i 表示电流，国际单位为安[培]，符号为 A；

　　　$dt = \Delta t = t_2 - t_1$，表示极短的时间；

　　　$dq = \Delta q = q_2 - q_1$，表示在 $\Delta t = t_2 - t_1$ 极短的时间间隔内，通过导体横截面的电荷量。

　　　$i(t)$ 表示电流是随时间而变化，不同时间点的电流是不一样的。

当 1 秒（s）内通过导体横截面的电荷量为 1 库[仑]（C）时，电流为 1A。

常用的电流单位还有千安（kA）、毫安（mA）、微安（μA）等，它们之间的换算关系为 $1\,kA = 10^3\,A = 10^6\,mA = 10^9\,\mu A$。

从电流的定义可以知道，若在极短的时间内通过导体横截面的电荷量大小和正负不变，等于定值，则这种电流称为直流（DC），用符号 I 表示。直流以外的电流统称为时变电流。

2）电流的参考方向

习惯上规定正电荷运动方向为电流的实际方向。对于一个复杂的电路，在不知道具体的电流方向时，一般先任意假设一个参考方向，假设一个参考方向后电流就可以用一个代数量来表示，然后进行相应电路的计算，如果算出的电流值大于 0，说明参考方向与实际方向一致，否则说明参考方向与实际方向相反。如图 1-1-10 所示。

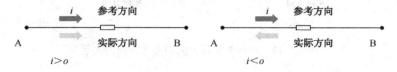

图 1-1-10　电流的参考方向与实际方向的关系

3）电流参考方向的表示方法

（1）用箭头表示。箭头的指向为电流的参考方向，如图 1-1-11 所示。

（2）用双下标表示。如 i_{AB}，电流的参考方向由 A 指向 B，如图 1-1-12 所示。

图 1-1-11　箭头表示的电流方向　　　图 1-1-12　双下标表示的电流方向

2．电压、电位和电动势

1）电压定义

电路中 a，b 两点间的电压定义为单位正电荷在电场力的作用下从 a 点转移到 b 点时所失去的电能，用符号 u_{ab} 表示，即

$$u_{ab}(t) = \frac{\mathrm{d}w_{ab}}{\mathrm{d}q} \tag{1-1-2}$$

式中：$\mathrm{d}q$ 表示由 a 点转移到 b 点的单位正电荷电量，电量的国际单位为库[仑]，符号为 C；

$\mathrm{d}w_{ab}$ 表示转移过程中失去的电能，电能的国际单位为焦[耳]，符号为 J；

u_{ab} 为 a、b 两点间的电压，国际单位为伏[特]，符号为 V。

电压在国际单位制中的主单位是伏特，简称伏，用符号 V 表示。1 伏等于对每 1 库的电荷做了 1 焦的功，即 1 V = 1 J/C。强电压常用千伏（kV）为单位，弱电压的单位可以用毫伏（mV）、微伏（μV）。它们之间的换算关系为

$$1\ kV = 10^3\ V = 10^6\ mV = 10^9\ μV$$

当电压的大小和方向都不变时，称为直流电压，用符号 U 表示。

2）电位的定义

电路中点 a 的电位定义为单位正电荷由点 a 移至参考点 o 时电场力所做的功，也等于点 a 与参考点 o（选取电位为零）之间的电压，记为 V_a。参考点选得不同，电路中各点的电位值随着改变，但是任意两点间的电位差是不变的，也即电位是相对量，电压是绝对量。电位的单位同电压。

3）电压的参考方向

从电压的定义可知，转移电荷的过程中失去电能体现为电位的降低，即电压降。所以，电压的实际方法规定为由电位高处指向电位低处，即电位降低的方向。和电流的参考方向一样，电压的参考方向也是任意假设的。电压的实际方向和参考方向的关系如图 1-1-13 所示。

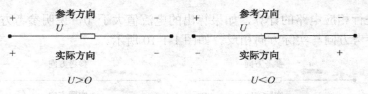

图 1-1-13　电压的实际方向和参考方向的关系

4）电压参考方向的表示方法

电压参考方向的三种表示方式，分别是用箭头表示、用正负极性表示和用双下标表示，如图 1-1-14 所示。

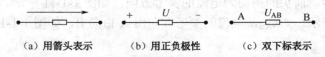

(a) 用箭头表示　　(b) 用正负极性　　(c) 双下标表示

图 1-1-14　电压参考方向表示方法

5）电压与电位的关系

从电位的定义可以看出，某一点电位是相对于一个任意选取的参考点的电压值（实际电路分析中，一般选取电源地作为电位的参考点），也就说明电位是一个相对量，电路中各点的电位值随所选参考点位置的不同而不同，但参考点一经选定，则各点的电位值就是唯一的，这就是电位的相对性与单值性。

电压的实际方向是电位降低的方向，其值等于两点之间的电压之差，即

$$u_{ab} = v_a - v_b \qquad\qquad (1\text{-}1\text{-}3)$$

6）电动势的定义

在电场力的作用下，一般正电荷总是从高电位向低电位转移，而在电源内部有一种电源力，可以将正电荷从低电位转移到高电位，因此闭合电路中才能形成连续的电流。电动势就是指单位正电荷在电源力的作用下在电源内部转移时所增加的电能，用符号 e 或 E 表示，即

$$e(t) = \frac{\mathrm{d}w}{\mathrm{d}q} \qquad\qquad (1\text{-}1\text{-}4)$$

式中：$\mathrm{d}q$ 为转移的正电荷；

　　　　$\mathrm{d}w$ 为正电荷在转移过程中增加的电能，体现为电位的升高。

电动势的单位和电压一样，用伏特表示。

7）电动势的参考方向

电动势 E 是衡量电源力（即非静电力）做功能力的物理量。所以，电动势的实际方向与电压实际方向相反，规定为由负极指向正极，也即为电位升高的方向。电动势的参考方向也是任意的。

8）电流、电压、电动势的参考方向的关联和非关联性

如前所述，对于任意一个复杂的电路，电流、电压、电动势的参考方向都可以相互独立地任意假设，但为了方便，不引起冲突的情况下，我们常常取为关联方向。其区别如图 1-1-15 所示。

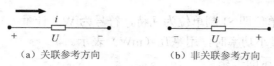

（a）关联参考方向　　　（b）非关联参考方向

图 1-1-15　参考方向的关联性

关联情况必须满足以下要求：

在任意假设电流的参考方向后，无论是元件还是电源，一定要满足电流从高电位流向低电位，如图 1-1-16 所示。

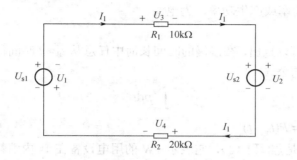

图 1-1-16　元件的关联方向

由图 1-1-16 可知，U_1、U_2、U_3、U_4 和电流 I_1 全都是关联参考方向。

【例 1-1-1】电压电流参考方向如图 1-1-17 所示，对 A、B 两部分电路，电压、电流参考方向是否关联？

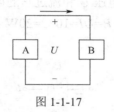

图 1-1-17

答：对 A 部分电路而言，电压、电流参考方向非关联；对 B 部分电路而言，电压、电流参考方向关联。

说明：

① 分析电路前必须选定电压和电流的参考方向。

② 参考方向一经选定，必须在图中相应位置标注（包括方向和符号），**在计算过程中不得任意改变。**

参考方向不同时，其表达式相差一负号，但实际方向不变。

3．电功率与电能量

1）电功率的定义

电场力在单位时间内所做的功称为电功率，简称功率，用符号 p 表示。它表示电能转换的速率，用公式表示为：

$$p = \frac{\mathrm{d}w}{\mathrm{d}t}$$

（1-1-5）

式中，功率的国际单位即 SI 制单位为瓦特，符号为 W。计量大功率时，用千瓦（kW）、兆瓦（MW）表示；计量小功率时，用毫瓦（mW）表示。

2）功率与电流、电压的关系

◇ 关联情况下：$p = ui$；

◇ 非关联情况下：$p = -ui$。

◇ 对于直流电路：上面的式子可以表示为：$P = UI$ 或 $P = -UI$。

✓ $P > 0$ 时吸收功率或消耗功率，为负载；

✓ $P < 0$ 时发出功率或产生功率，为电源。

3）电能量的定义

根据功率的定义可以推出，在漫漫的时间长河中任意从 $t_0 \sim t$ 时间段内电路吸收或消耗的电能量（简称电能）的公式，即

$$\int_{t_0}^{t} p \mathrm{d}t \qquad\qquad (1\text{-}1\text{-}6)$$

对于直流有：$W = P(t_0 - t)$

电能的 SI 制单位是焦[耳]（J），它表示 1W 的用电设备在 1s 内消耗的电能。在电力工程中常用千瓦小时（kW·h）作为电能的单位，它表示 1kW 的用电设备在 1h（3600s）内消耗的电能（俗称 1 度电）。

【例 1-1-2】图 1-1-18 所示电路中，已知 U 为 10V，I 为 2A，则该元件是_____（填电源或负载）。

解：图 1-1-18 中元件 N_1 两端的电压 U 和流过它的电路 I 为关联方向，故有

$$P = UI = 10 \times 2 = 20\text{W}$$

$\because P = 20 > 0 \therefore N_1$ 吸收功率是负载。

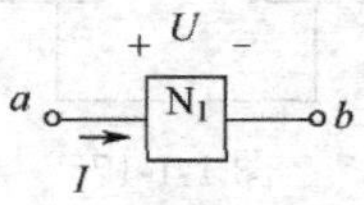

图 1-1-18

1.1.3 电路的三种工作状态

电路在工作时有三种工作状态，分别是：通路、断路、短路。

1. 通路（有载工作状态）

开关闭合，电路处于正常工作条件下，如图 1-1-19 中的开关 S_1 闭合，灯 L_1 支路处于正常工作条件下，此时灯 L_1 中有电流通过。在有载工作状态下的用电器是由用户控制的，而且是经常变动的。

2. 断路

断路，就是电源与负载没有构成闭合回路。如图 1-1-19 中的开关 S_2 没有闭合，则灯 L_2

中没有电流流过，电路出现断路状态。

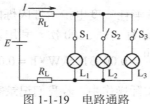

图 1-1-19　电路通路

3. 短路

短路，就是电源未经负载而直接由导线接通构成闭合回路，此时电源所带的负载可以看作 $R_L = 0$，如图 1-1-20 所示。

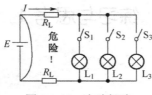

图 1-1-20　电路短路

为了防止短路所引起的事故，通常在电路中接入熔断器或断路器，一旦发生短路，它能迅速将事故自动切断。

知识拓展——用电能表测量家电功耗的简易方法

利用家庭的电能表，可测量自己家中电器产品的总耗电功率或单个产品的耗电功率。在测量单个产品发生的异常耗电时，还可及时发现漏电的隐患。其测量方法如下。

1. 机械式电能表估算用电设备耗电的方法

对于家用电度表，电表的表面除标注该表的电流外，还标有电表的转速，例如：2000r/kW·h，它表示该种电度表每耗电 1kW·h 即 1 度电，表盘需要走 2000 转。利用以上关系，可换算出电能表每转 1 转所消耗的电能为：$W = \dfrac{1kW \cdot h}{2000} = 0.0005kW \cdot h = 0.0005 \times 1000 \times 3600J = 1800J$，我们称 1800 为该电表的计算常数，因此只要记录电能表每走一转所需要的时间（单位为秒），再用电能表的计算常数除以该时间，即等于该用电设备的耗电功率，用公式表示为：$P = \dfrac{W}{t}$。例如，某用电电器单独接入电源 220V 上工作，电能表标注 2000r/kW·h，则该电能表计算常数为 1800，若此时用秒表测量该电能表表盘每走一转用去 18s，那么该电器的耗电功率为 1800/18=100W。

2．电子式电表估算用电设备耗电的方法

电子式电表表盘转速表示为每消耗一度电指示灯闪烁的次数，例如：3200imp/kW·h，它表示该电表每消耗 1kW·h，指示灯闪烁 3200 次，利用以上关系，可换算出电能表每闪烁一次所消耗的电能为：$W = \dfrac{1kW \cdot h}{3200} = 0.0003125kW \cdot h = 0.0003125 \times 1000 \times 3600J = 1125J$，我们称 1125 为该电表的计算常数。实际操作中，若我们记录家庭电路中只有一台电热水器在工作时，该电能表的指示灯在 4min 内闪烁 320 次，则该热水器的实际功率为：

$P = \dfrac{W}{t} = \dfrac{1125 \times 320}{4 \times 60} = 1500W$。

练习与思考 1

一、填空题

1．电路主要由_____、_____和_____三部分组成。
2．两点间的电压就是两点间的_____之差，电压实际方向是从_____点指向_____点。
3．当参考点改变时，电路中各点的电位值将_____，任意两点间的电压值将_____。
4．流过元件的电流实际方向与参考方向_____时电流为正值、_____时电流为负值。

二、判断题（正确的打√，错误的打×）

1．电路中某点电位的高低与参考点的选择有关，在对整体电路的分析过程中参考点原则上可随意改变。（　　）
2．电路模型和实际电路是相等的关系。（　　）
3．两端之间的电压 $U_{AB}=-10V$，则 B 点电位高于 A 点电位。（　　）

三、问答题

1．什么是电路模型？电路模型与实际电路之间有什么关系？
2．描述电压、电位二者之间的异同。

任务 1-2　电路的基本元件及伏安特性分析

1．任务目标

（1）掌握电路欧姆定律。

（2）掌握电压源的特点。

（3）掌握电流源的特点。

（4）掌握串并联电路的特点。

（5）学会分析计算等效电阻。

2．实践操作

1）单个电阻伏安特性测量分析

（1）按照如图 1-2-1 所示方式连接电路，电阻为 1kΩ。

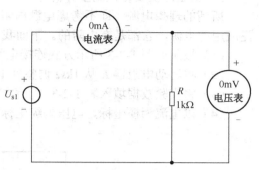

（2）将电压源 U_{s1} 的电压从 0V 调整到 10V，测量电阻两端的电压和其中的电流。

（3）将实验数据填入表 1-2-1 中。

图 1-2-1　单个电阻伏安特性的分析

（4）画出电阻的伏安特性曲线。

表 1-2-1　电阻伏安特性测试记录表

电源电压/V	0	1	2	3	4	5	6	7	8	9	10
电流/mV											
电压/V											

▶▶通过测量是否发现 1kΩ 固定电阻两端的电压和电流呈线性关系。

2）电阻串并联电路伏安特性测量分析

（1）按照如图 1-2-2 所示方式组装 3 个二端网络；

（2）将图 1-2-2（a）与图 1-2-2（b）连成回路，测量 R_1、R_2 中的电流和它们两端的电压；

（3）将图 1-2-2（a）与图 1-2-2（c）连成回路，测量 R_1、R_2 中的电流和它们两端的电压。

（4）在表 1-2-2 中记录实验数据，总结两种连接方式的特点。

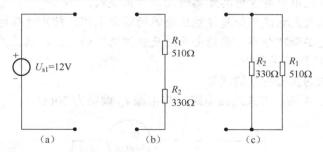

图 1-2-2　电阻串并联伏安特性的分析

表 1-2-2　电阻串并联伏安特性测试记录表

电路类型　　　　　测量项目	串联电路		并联电路	
	R_1	R_2	R_1	R_2
电压/V				
电流/A				

▶▶通过测量是否发现串联电路流过 R_1、R_2 的电流一样，R_1、R_2 的电压之和不等于电源电压 U_{s1}；并联电路 R_1、R_2 支路电压一样但都不等于电源电压 U_{s1}。

3）电压源伏安特性测量分析

所谓的理想电源，即不考虑电源内阻的电源；实际的电源是指我们日常生产和生活中广泛应用的电源，它都是有内阻的。下面我们进行理想电压源的伏安特性的测量。

（1）按照如图 1-2-3 所示方式连接电路，将电源 U_{s1} 调整为 2V。

（2）将滑动电阻器 R 从 1kΩ 调整到 10Ω，测量电压源两端的电压和其中的电流。

（3）将实验数据填入表 1-2-3 中。

（4）以电流为横坐标，电压为纵坐标画出理想电压源的 U–I 曲线。

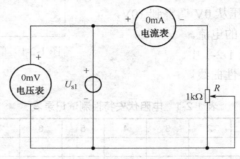

图 1-2-3　理想电压源伏安关系实验

表 1-2-3　理想电压源伏安特性测试记录表

R 阻值/Ω	1k	500	400	300	200	100	80	50	20	10
电流/mV										
电压/V										

特别注意事项：

（1）滑动变阻器使用中要注意其发热情况，防止烧毁。

（2）实验中电路最大电流不能超过稳压电源的额定电流，防止稳压电源过载损坏。

（3）电阻的选定要合理分布，要能全面地反映该电阻的电压、电流关系。

4）电流源伏安特性测量分析

（1）理想电流源的伏安特性的测量

① 按照如图 1-2-4 所示方式连接电路，将电源 I_{s1} 调整为 30mA。

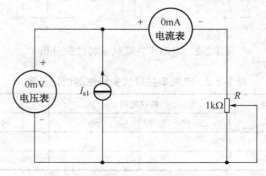

图 1-2-4　理想电流源伏安特性

② 将滑动电阻器 R 从 1kΩ 调整到 10Ω，测量电流源两端的电压和其中的电流。

③ 将实验数据填入表 1-2-4 中。

④ 以电压为横坐标，电流为纵坐标画出电流源 I_{s1} 的伏安特性曲线。

表 1-2-4　理想电流源伏安特性测试记录表

R 阻值/Ω	1k	500	400	300	200	100	80	50	20	10
电流/mV										
电压/V										

（2）实际电流源的伏安特性的测量

① 按照如图 1-2-5 所示方式连接电路，将电源 I_{s1} 调整为 30mA，将 R_0 调整为 100Ω。

② 将滑动电阻器 R 从 1kΩ 调整到 10Ω，测量电流源两端的电压和其中的电流。

③ 将实验数据填入表 1-2-5 中。

④ 以电压为横坐标，电流为纵坐标画出电流源 I_{s1} 的伏安特性曲线。

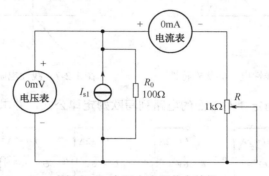

图 1-2-5　实际电流源伏安特性

表 1-2-5　实际电流源伏安特性测试记录表

R 阻值/Ω	1k	500	400	300	200	100	80	50	20	10
电流/mV										
电压/V										

 知识链接

1.2　电路基本元件及连接方式

1.2.1　欧姆定律

1827 年，德国物理学家欧姆通过大量的实验，总结出了在电阻元件电路中，流过电阻的电流与电阻两端的电压成正比，这就是欧姆定律。用公式表达为：

$$I = \frac{U}{R}$$

（1-2-1）

当电压和电流的参考方向关联时：$U = RI$；

当电压和电流的参考方向非关联时：$U = -RI$。

在任何时刻，两端电压与其电流关系都服从欧姆定律的电阻元件叫做线性电阻元件，即线性电阻。若不服从欧姆定律的电阻元件就叫非线性电阻元件，即非线性电阻。如图 1-2-6 所示。

表示一个元件电压与电流之间关系的图形称为元件的伏安特性曲线。显然，线性电阻的伏安特性是一条经过坐标原点的直线。如图 1-2-7 所示。

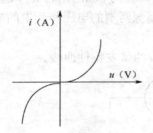

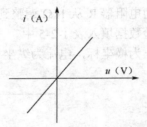

图 1-2-6　非线性电阻的伏安特性　　　　图 1-2-7　线性电阻的伏安特性

【例 1-2-1】应用欧姆定律对下面的电路列写欧姆定律公式，并求出电阻 R。

解：（a）$R = \dfrac{U}{I} = \dfrac{6}{2} = 3\,(\Omega)$；

（b）$R = -\dfrac{U}{I} = -\dfrac{6}{-2} = 3\,(\Omega)$；

（c）$R = -\dfrac{U}{I} = -\dfrac{-6}{2} = 3\,(\Omega)$；

（d）$R = \dfrac{U}{I} = \dfrac{-6}{-2} = 3\,(\Omega)$。

1.2.2　电路基本元件

常见的电路元件有电阻元件、电容元件、电感元件、电压源、电流源。

伏安关系（即伏安特性）：电路是由元件连接而成的，元件电流与电压之间的关系就叫伏安关系，简写 VAR，反映了元件的基本性质，它和后面我们将要学习的基尔霍夫定律构成了分析电路的基础。

1. 无源元件

1）电阻元件（R）

（1）概念：电阻是阻碍电流（或电荷）流动的物质，具备这种行为的电路元件称为电阻，用符号 R 来表示。

（2）SI 单位：欧姆，简称欧（Ω）（另外电导为电阻倒数，单位：西门子，简称西[S]）

（3）实体及电路模型：电阻的电路模型如图 1-2-8 所示。

图 1-2-8　电阻的实体及电路模型

（4）伏安关系

当电压和电流的参考方向关联时：$U = RI$；

当电压和电流的参考方向非关联时：$U = -RI$。

（5）功率

电阻是一种消耗电能的元件；

电阻功率：$P = UI = RI^2 = \dfrac{U^2}{R}$；

电阻消耗的电能：$W = Pt$。

【例 1-2-2】 某学校教室共有 200 盏电灯，每盏灯泡的功率为 100W，问全部灯泡使用 2 小时，总共消耗多少电能？若每度电费为 0.56 元，应付多少电费？

解： 全部电灯的功率为：$P = 200 \times 100 = 20000(\text{W}) = 20(\text{kW})$；

使用 2 小时的电能为：$W = Pt = 20 \times 2 = 40\,(\text{kW}) \cdot \text{h} = 40(\text{度})$；

应付的费用为：40×0.56=22.4(元)，即付 22.4 元的电费。

2）电容元件（C）

（1）概念：从性能上说，电容器是一种能够储存电荷与电能的容器，同时也能释放电荷和电能，用符号 C 表示。从结构上说，被绝缘物质隔开的两导体的总体称为电容器，其中两导体称为极板。加电源后，带正电荷的极板称为正极板，带负电荷的极板称为负极板，中间的绝缘物质称为电介质。电容器常见的电介质有空气、纸、云母、塑料、薄膜（包括聚苯乙烯、涤纶）和陶瓷等。电容元件是实际电容器的理想化模型。

（2）SI 单位：法拉，简称法（F）。

（3）实体及电路模型：电容的电路模型如图 1-2-9 所示。

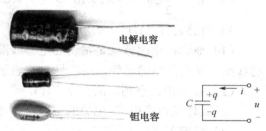

图 1-2-9　电容的实体及电路模型

（4）伏安关系

当电压和电流的参考方向关联时：$i = C\dfrac{du}{dt}$； （1-2-2）

当电压和电流的参考方向非关联时：$i = -C\dfrac{du}{dt}$。

从电容的电压与电流的伏安关系可以看出两者之间是微分函数的关系，是变化的，即动态的，所以又称为动态元件。在电路中，储能元件和动态元件是同一个含义。

举例，比如1s时1μF电容两端电压为$u_1 = 5V$，2s时其两端的电压变为$u_2 = 10V$，则

$$du = \Delta u = u_2 - u_1 = 10 - 5 = 5(\mathrm{V}), \quad dt = \Delta t = t_2 - t_1 = 2 - 1 = 1(\mathrm{s});$$

则电流的瞬时值 $i = C\dfrac{du}{dt} = 1 \times 10^{-3} \times \dfrac{5}{1} = 5\,(\mathrm{mA})$。

由以上分析可知，电容电路中是否有持续电流，取决于电容两端外加电压是否不断变化。在交流电压作用下，由于交流电压的大小和方向随时间不断地变化致使电容器反复充、放电，电路中就产生了持续电流；在直流电压作用下，仅当开关接通电路的短时内，电容上外加电压才发生变化，之后电压保持不变，所以电容支路中只能产生瞬时电流，不能产生持续电流。

因电容在交流电压作用下，能产生持续电流；在直流作用下，$\dfrac{du}{dt} = 0$，不能产生持续电流。这就是所说的电容器具有"隔直流、通交流"的作用。但必须明确，这里所指的交流电流是电容器反复充电、放电所形成的电流，并非电荷直接通过电容器中的绝缘介质。

（5）电容器中的电场能量

电源对电容器充电时，电容器从电源吸收电能，在放电时把充电时储存在电场中的能量释放出来。根据能量守恒原理，储存多少能量，就能放出多少能量，那么，如何计算这个能量呢？

$$W_{\mathrm{C}} = \frac{1}{2}Cu^2$$ （1-2-3）

从能量的观点看，电容器是一个储能元件，储存的能量与u^2成正比，也与C成正比。在一定的电压作用下，电容C越大，储能越多，因而电容器的容量C又是电容器储能本领的标志。在充电和放电过程中，电容器上电压不可能突变，因为能量的转换必然有一个时间，能量不能跃变。

【例1-2-3】一电容器，$C = 2\,\mu F$，充电后，电压为500V，求电容器所储存的电能？

解：$W_{\mathrm{C}} = \dfrac{1}{2}Cu^2 = \dfrac{1}{2} \times 2 \times 10^{-6} \times 500^2 = 0.25(\mathrm{J})$。

3）电感元件（L）

（1）概念：电感器就是常说的电感线圈。没有电阻的导线绕制的电感线圈，称为理想电感线圈，又叫做电感元件，用符号L来表示。

（2）SI单位：亨利，简称亨（H）。

（3）实体及电路模型：电感的电路模型如图1-2-10所示。

（4）伏安关系

当电压和电流的参考方向关联时：$u = L\dfrac{di}{dt}$；

图1-2-10　电感的实体及电路模型

当电压和电流的参考方向非关联时：$u = -L\dfrac{di}{dt}$。

从电感的电压与电流的伏安关系可以看出两者之间也是微分函数的关系，是变化的，即动态的，也称为动态元件。

只有通过电感线圈的电流变化时，电感两端才有电压。所以，在直流电路中，电感上即使有电流通过，但 $di = 0 \Rightarrow u = L\dfrac{di}{dt} = 0\,\text{V}$，此时电感相当于短路。

（5）电感线圈的磁场能量

磁场能量，简称磁能。电能和磁能会互相转化，但能量是守恒的，不会在转换中增加或消灭。当电流通过导体时，便在导体周围建立磁场，将电能转换为磁能。反之，在变化磁场中的导体内部也会产生感应电流，即将磁能转换为电能。储存于电感元件中的磁场能量为：

$$W_L = \frac{1}{2}Li^2 \tag{1-2-5}$$

从能量的观点看，电感器是一个储能元件，储存的能量与 i^2 成正比，也与 L 成正比。在一定的电流条件下，电感 L 越大，储能越多，因而电感量 L 又是电感元件储能本领的标志。在电磁转换的过程中，能量的转换必然有一个时间，能量不能跃变（$p = \dfrac{dW}{dt}$，否则功率无穷大），因此电感中电流不能跃变。

【例 1-2-4】一扼流圈，其电感 $L=3.82\,\text{mH}$，通过的电流为 1600A。试求此扼流圈中储存的磁场能量？

解：$W_L = \dfrac{1}{2}Li^2 = \dfrac{1}{2} \times 3.82 \times 10^{-3} \times 1600^2 = 4.89 \times 10^3\,(\text{J})$。

2. 有源元件

一个电源可以用两种不同的电路模型来表示。一种是用电压的形式来表示，称为电压源；一种是用电流的形式来表示，称为电流源。下面分别进行说明。

1）电压源

（1）理想电压源

电源电压 U 恒等于电动势 E，而其中的电流 I 是任意的，由负载电阻 R_L 及电源电压 U 本身确定，这样的电源称为理想电压源或恒压源。理想电压源的符号及其输出电压与输出电流的关系（伏安特性）如图 1-2-11 所示。

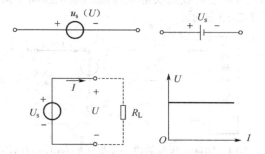

图 1-2-11 理想电压源的符号及其伏安特性

理想电压源的特点是：端电压始终恒定，等于直流电压，输出电流是任意的，即随负载（外电路）的改变而改变。

电池是大家很熟悉的一种电源。如果电池本身没有内阻，即没有能量损耗，这样的电池的端电压是恒定不变的，我们把这样的电源称为理想电压源。

【例 1-2-5】 一个负载 R_L 接于 10V 的恒压源上，如图 1-2-12 所示，求：

当① $R_L=10\Omega$，② $R_L=100\Omega$，③ $R_L=\infty$ 时，通过恒压源的电流大小。

解： 选定电压、电流参考方向如图 1-2-12 所示：

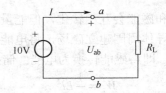

图 1-2-12 【例 1-2-5】图

① 当 $R_L=10\Omega$ 时，$I=\dfrac{10}{10}=1(\text{A})$，$U_{ab}=10(\text{V})$；

② 当 $R_L=100\Omega$ 时，$I=\dfrac{10}{100}=0.1(\text{A})$，$U_{ab}=10(\text{V})$；

③ 当 $R_L=\infty$ 时，$I=0(\text{A})$，$U_{ab}=10(\text{V})$。

可见，通过电压源的电流随负载电阻变化而变化，而理想电压源的端电压不变。

（2）实际电压源（见图 1-2-13）

图 1-2-13 实际电压源实物模型

理想电压源在实际生活中是不存在的，实际电压源在对外提供功率时，不可避免地存在内部功率损耗，我们用一个串联的电阻来表示这种损耗，这个电阻叫实际电压源的内阻。实际电压源模型存在内阻后，如果带负载则实际电压源的端电压将下降，其电路模型如图 1-2-14 所示，伏安特性曲线如图 1-2-15 所示。

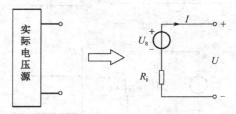

图 1-2-14 实际电压源的电路模型（R_i 为电压源内阻）

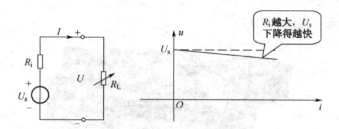

图 1-2-15　实际电压源带负载电路模型及伏安特性曲线

如图 1-2-14 所示，电压源 U_s 和 U 之间的关系为：

$U=U_s-R_iI \Rightarrow I = \dfrac{U_s - U}{R_i}$，这即我们通常所说的一段含源电路的欧姆定律。

如图 1-2-15 所示，电压源 U_s 和 U 之间的关系为：

$U=U_s-R_iI$ 且 $U=IR_L \Rightarrow I = \dfrac{U_s}{R_i + R_L}$，这即我们通常所说的全电路的欧姆定律。

全电路即一个包含有电源和负载电阻的无分支闭合回路。

【例 1-2-6】某电源开路时端电压为 3V，闭路时端电压为 2.88V，已知外电路电阻为 $9.6\,\Omega$，试求电源内阻和电路中的电流。

解： $I = \dfrac{U}{R} = \dfrac{2.88}{9.6} = 0.3(\text{A})$；

$U_i = U_s - U = 3 - 2.88 = 0.12(\text{V})$；

$R_i = \dfrac{U_i}{I} = \dfrac{0.12}{0.3} = 0.4(\Omega)$。

2）电流源

（1）理想电流源

电源电流 I 恒等于电流 I_s，而其两端的电压 U 则是任意的，由负载电阻 R_L 及电流 I_s 本身确定，这样的电源称为理想电流源或恒流源。理想电流源的符号及其伏安特性如图 1-2-16 所示。

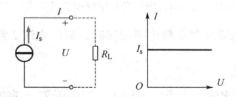

图 1-2-16　理想电流源的符号及其伏安特性

理想电流源的特点是：输出电流恒定不变；端电压是任意的，即随负载不同而不同。

光电池就是一种电流源。在具有一定光照度的光线照射下，光电池将产生一定值的电流。这种无论外电路的电阻是多少，都能向外电路输送恒定电流的电源称为理想电流源。理想电流源又叫恒流源。

（2）实际电流源（见图 1-2-17）

图 1-2-17　实际电流源实物模型

理想电流源实际上是不存在的。以光电池为例，由光激发产生的电流，并不能全部流入外电路，其中一部分将在光电池内部流动。这种实际电流源可以用一个理想电流源 I_s 和内阻 R_i 相并联的模型来表示，这种模型就称为电源的电流源，简称电流源。内阻 R_i 表明电源内部的分流效应。其电路模型如图 1-2-18 所示，伏安特性曲线如图 1-2-19 所示。

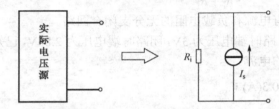

图 1-2-18　实际电流源的电路模型（R_i 为电流源内阻）

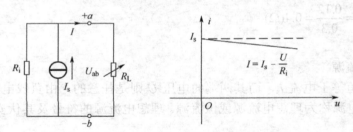

图 1-2-19　实际电流源带负载电路模型及伏安特性曲线

如图 1-2-19 所示，当电流源与负载电阻相接时，输出电流 I 为：

$$I = I_s - \frac{U}{R_i}$$

上式说明，通过负载的电流 I 小于恒流源 I_s，端电压 U 一定的情况下，实际电流源内阻越大，内部分流作用越小，也就越接近理想电流源。

显然，实际电流源的短路电流等于恒流源电流 I_s，因此实际电流源可以用它的短路电流及内阻的参数来表示。

【例 1-2-7】计算如图 1-2-20 所示电路中 3Ω 电阻上的电压及电流源的端电压。

解：根据恒流源的基本性质，其电流为定值与外电路无关，故知流过 3Ω 电阻上的电流为恒流源的电流，即 1A，其两端的电压为：$U_R = IR = 3 \times 1 = 3(V)$。

电流源的端电压由与之相连接的外电路决定，设其端电压极性如图 1-2-20 中 U_{ab} 所示，则电流源的端电压为：$U_{ab} = 3 \times 1 + 2 = 5(\text{V})$。

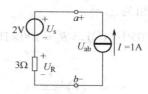

图 1-2-20　【例 1-2-7】图

1.2.3　元件串并联与混联电路

1. 串联电路

如图 1-2-21 所示，串联是连接电路元件的基本方式之一，即将电路元件（如电阻、电容、电感等）逐个顺次首尾相连接。串联电路中通过各用电器的电流都相等。

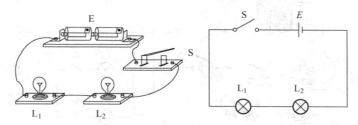

图 1-2-21　串联电路图

串联电路的特点如下：

（1）串联电路中电流处处相等，即 $I_总 = I_1 = I_2 = I_3 = \cdots = I_n$。

（2）串联电路总电压等于各处电压之和，即 $U_总 = U_1 + U_2 + U_3 + \cdots + U_n$。

（3）串联电阻的等效电阻等于各电阻之和，即 $R_总 = R_1 + R_2 + R_3 + \cdots + R_n$。

（4）串联电路总功率等于各功率之和，即 $P_总 = P_1 + P_2 + P_3 + \cdots + P_n$。

【例 1-2-8】一个继电器的线圈电阻为200Ω，允许流过的电流为 30mA。现要接到 24V 的电压上去，需要多大的限流电阻？

解： 如果将继电器线圈直接连接到 24V 的电压上时通过的电流为：

$I = \dfrac{24}{200} = 120\,(\text{mA})$，显然大大超过继电器的允许电流，不加限流电阻继电器的线圈在 120mA 的大电流下很快就会烧毁，为了保护继电器的线圈，需串联一个电阻降低电流。

因串联电路中电流处处相等，所以总电流最大只能为30mA，据此可以求出串联电路的总电阻：

$$R_总 = \frac{24}{30 \times 10^{-3}} = 800(\Omega) \Rightarrow R_串 = 800 - 200 = 600(\Omega)$$

所以需要串联 600Ω 的限流电阻。

【例 1-2-9】有一个磁电系仪表，其表头满偏电流为 $I_g = 100\mu\text{A}$，内阻为 $R_g = 1\text{k}\Omega$，若装配成量程为 10V 的电压表，需串联多大的附加电阻？

解：如图 1-2-22 所示，表头最大电流也即满偏电流为 100μA，即串联电阻的总电流最大值为 100μA，所以串联电路的总电阻为：

$$R_\text{总} = \frac{10}{100\times10^{-6}} = 100\times10^3(\Omega) \Rightarrow R_\text{f} = 100\times10^3 - 1\times10^3 = 99\text{k}(\Omega)$$

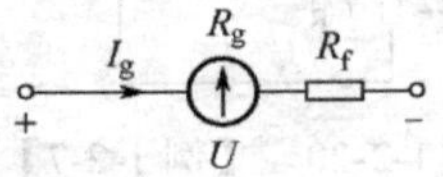

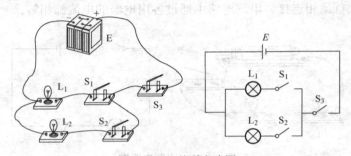

图 1-2-22

从以上例题可知，串联电阻常用于电压表扩量程使用，限制流过电器设备的总电流等方面，防止电流超过电器设备的额定电流而烧毁电器设备。

2．并联电路

并联电路将不同电路元件首首相接，同时尾尾亦相连的一种连接方式，如图 1-2-23 所示。

图 1-2-23　并联电路图

并联电路的特点如下：
（1）并联电路中，干路电流等于各支路电流之和。即 $I=I_1+I_2+\cdots+I_n$。
（2）并联电路中，各并联支路两端的电压相等，且等于并联电路两端的总电压。
即 $U=U_1=U_2=\cdots=U_n$。
3）并联电路总电阻的倒数等于各并联电阻的倒数之和。即

$$\frac{1}{R} = \frac{1}{R_1} + \frac{1}{R_2} + \cdots + \frac{1}{R_n}$$

为了书写方便，电阻的并联关系常用符号"//"表示，以后本书不再说明。
电阻的倒数 $1/R=G$，称为电导，它的单位为 S（西[门子]），因此上式也可以表示为：

$$G = G_1 + G_2 + \cdots + G_n$$

【例 1-2-10】 有一个磁电系仪表，其表头满偏电流为 $I_\text{g}=100\mu\text{A}$，内阻为 $R_\text{g}=1.6\text{k}\Omega$，若装配成量程为 1mA 的电流表，需并联的分流电阻为多大？

解：如图 1-2-24 所示，改装后的仪表最大量程为 1mA，即并联电路的总电流最大值为 1mA，也即图 1-2-25 中的电流 I 最大值为 1mA，表头的电压为：

$U = I_\text{g} \times R_\text{g} = 100\times10^{-6}\times1.6\times10^3 = 0.16(\text{V})$，因并联电路中各支路两端的电压相等，所以

$$\Rightarrow R_f = \frac{U}{I - I_g} = \frac{0.16}{1 \times 10^{-3} - 100 \times 10^{-3}} = 177.8\Omega$$，即在表头两端并联一个 177.8Ω 的分流电阻，可扩大量程为 1mA。

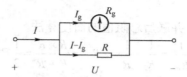

图 1-2-24 【例 1-2-10】图

3. 混联电路

电路里面有串联也有并联的就叫混联电路，如图 1-2-25 所示。

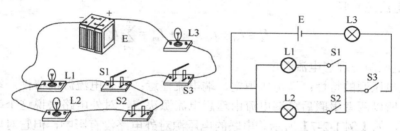

图 1-2-25 混联电路图

混联电路是由串联电路和并联电路组合在一起的特殊电路。混联电路的优点：可以单独使并联支路上某个用电器工作或不工作。混联电路的缺点：如果干路上有一个用电器损坏或断路会导致整个电路无效。

【例 1-2-11】求如图 1-2-26 所示三个电路中 a，b 两点之间的电阻？

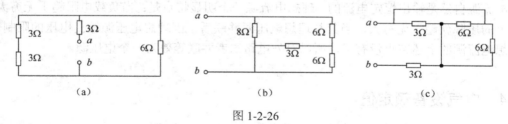

图 1-2-26

解： 对于（a）图，直接可以求出 $R_{ab}=3+6//(3+3)=6(\Omega)$。

对于（b）图，可以看出 $R_{ab}=8//(6+3//6)=4(\Omega)$。

对于（c）图，简化过程如图 1-2-27 所示：

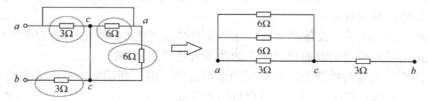

图 1-2-27

可以看出在图 1-2-27 中，标注点"a"的为同一个点，标注点"c"的为同一个点，因此：
$R_{ab} = (6//6//3) + 3 = 4.5(\Omega)$。

4. 电路联接的几个特例

1）两个阻值相等的电阻 R 并联后总阻值的简便算法

$$\frac{1}{R_{总}} = \frac{1}{R} + \frac{1}{R} \Rightarrow R_{总} = \frac{R \times R}{R + R} = \frac{1}{2}R \qquad (1\text{-}2\text{-}6)$$

利用此公式可以快速地进行电路的化简与计算。

2）理想电压源串联

$$U_s = U_{s1} + U_{s2} + \cdots + U_{sn} = \sum_{i=1}^{n} U_{si}$$

3）理想电流源并联

$$I_s = I_{s1} + I_{s2} + \cdots + I_{sn} = \sum_{i=1}^{n} I_{si}$$

4）理想电压源与理想电流源串联

根据理想电压源的特性：端电压恒定、端电流任意；理想电流源的特性：端电压任意、端电流恒定；所以两者串联后总端电流由理想电流源决定，对外电路来说这个串联电路等效为一个电流源，如【例 1-2-7】所示。串联的电压源对外电路没有影响，但它对内部电路的电流源是有影响的，它会影响电流源的端电压。

5）理想电压源与理想电流源并联

根据理想电压源的特性：端电压恒定、端电流任意；理想电流源的特性：端电压任意、端电流恒定；所以两者并联后总端电压由理想电压源决定。这个并联的电流源对外电路没有影响，但它对内部电路的电压源是有影响的，它会影响电压源的电流。从另一个角度分析，理想电流源自然是输出恒定电流的，理想电流源一个明显特点是：当负载电阻趋于无穷大时，负载上的压降就趋于无穷大，当其与理想电压源并联后，因理想电压源输出电压的限制，以致理想电流源的上述特点没有了，所以对外电路二者并联等效为一个电压源。

1.2.4 电气设备额定值

为了保证电器、元件正常合理、可靠地长时间工作，要考虑电器、元件安全运行的限定值。它是生产厂家给用户规定的量限值，如额定电压、额定电流、额定功率等。

额定电压是元器件、设备正常工作时所允许施加的最高电压。如果超过额定电压可能损坏设备或元器件，减少其寿命。

额定电流是指元器件、设备安全运行时不致因过热而烧毁，所允许通过的最大工作电流。

根据额定电压和额定电流而得出相应的功率就是额定功率。

通常元器件、设备的铭牌上，只标有两个额定值：电压和功率，或电流和功率，或电流和电压，而第三个额定值不标出，由用户自己去推算。

【例 1-2-12】由商店购回一个电阻器，其上标有 $1\text{k}\Omega$，2W，问此电阻器能承受多大的电压？

解：$\because P = \dfrac{U^2}{R} \Rightarrow U = \sqrt{PR} = \sqrt{2 \times 1000} = 44.7\text{(V)}$。

知识拓展——热敏电阻及压敏电阻简介

1．热敏电阻简介

热敏电阻是利用元件的电阻值随着温度变化的特点制成的一种热敏元件。按其温度系数可分为负温度系数热敏电阻（NTC）和正温度系数热敏电阻（PTC）两大类。正温度系数热敏电阻是指电阻的变化趋势与温度的变化趋势相同，反之则是负温度系数热敏电阻。

热敏电阻具有尺寸小、响应速度快、灵敏度高等优点，因此它在很多领域得到广泛的应用。比如：测温、温度补偿、过热保护等。

2．压敏电阻简介

压敏电阻的阻值随电压的增加而急剧减小，这种电阻称为 VDR（Voltage Dependent Resistor）变阻器。

压敏电阻由碳化硅与黏合剂混合后经高温烧结而成。碳化硅晶体呈微粒状、多孔，且十分坚硬。

压敏电阻可用于对某些元件进行过压保护，比如线圈、开关等。将压敏电阻并联在被保护元件的两端，当电路上出现高电压（过电压）时，压敏电阻中的电流急剧增加，并且其两端电压维持在允许值范围内，从而保护所并联的元件免受高电压击穿。此外，压敏电阻还可用于稳压设备。

练习与思考 2

一、填空题

1．电源的电动势 E=220V，内阻 R_i=20Ω，负载电阻 R_L=80Ω，则电源的端电压为_____。

2．按_____使用电气设备才最安全可靠，经济合理。

3．串联电阻的等效电阻等于_____。

4．电容器具有_____的作用。

5．从能量的观点看，电感器是一个_____元件，储存的能量与 i^2 成正比，也与 L 成正比。在一定的电流条件下，_____越大，储能越多。

6．两个 8Ω 并联后，其等效电阻为_____。

二、判断题（正确的打√，错误的打×）

1. 电气设备在额定电压下工作，其电流就等于额定电流。（　　）
2. 电感元件储存电场能，电容元件储存磁场能。（　　）
3. 电阻的阻值跟温度没有关系。（　　）

三、问答题

1. 根据电压、电流参考方向的不同，欧姆定律有哪两种表达形式？如何选用？

2. 额定值分别为 110V、60W 和 110V、40W 的两个灯泡，可否把它们串联起来后接到 220V 的电源上工作？为什么？

3. 简述理想电压源和理想电流源的特点？实际电源的电压源模型中，内阻 R_i 为何值时可以视为理想电压源？实际电源的电流源模型中，内阻 R_i 为何值时可以视为理想电流源？

4. 电气设备工作中的实际值一定等于额定值吗？

5. 在工作中，若测得某元件电流为零，可以判断发生了什么故障？若测得某元件电压为零，可以判断发生了什么故障？

四、分析计算题

1. 求如图 1-2-28 所示电路中的电流 I。

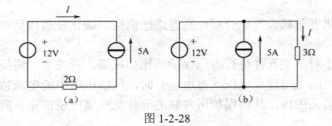

图 1-2-28

2. 求如图 1-2-29 所示电路中的电压 U。

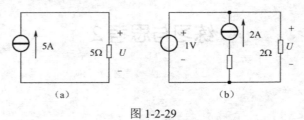

图 1-2-29

任务 1-3　基尔霍夫定律测试分析

1. 任务目标

（1）掌握基尔霍夫电压定律及应用。

（2）掌握基尔霍夫电流定律及应用。

（3）能够用支路电流法分析复杂电路。

2. 元件清单

（1）可调直流电压源（0～30V）2 台；

（2）直流电流表（0～100mA）3 块；

（3）直流电压表（0～30V）1 块；

（4）阻值为 100Ω、330Ω、1kΩ 电阻各一个，阻值为 510Ω 电阻两个，导线若干；

（5）实验台一个。

3. 实践操作

（1）按如图 1-3-1 所示电路图连接实验电路，并注意电压源的正负极性。

（2）实验前先任意设定三条支路和两个独立闭合回路的电流正方向，如图 1-3-1 所示。

（3）分别将两路直流稳压电源接入电路，并调节电压源的大小，令 U_{s1}=6V，U_{s2}=12V，接入直流电流表，测各个电流的大小，将数据填入表 1-3-1 中。

（4）用电压表测 1-3-1 中各电压值，数据填表 1-3-2 中。

（5）令 U_{s1}=8V，U_{s2}=16V 重复步骤（3）（4）。

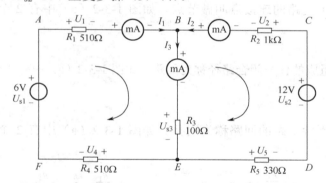

图 1-3-1 基尔霍夫验证实验电路图

表 1-3-1 电流数据记录表

被测量/mA	I_1	I_2	I_3
U_{s1}=6V，U_{s2}=12V			
U_{s1}=8V，U_{s2}=16V			
结论	$I_3=I_1+I_2$		

表 1-3-2 电压数据记录表

被测量/V	U_{s1}	U_{s2}	U_1	U_2	U_3	U_4	U_5
U_{s1}=6V，U_{s2}=12V							
U_{s1}=8V，U_{s2}=16V							
结论	$U_{s1}=U_1+U_3+U_4$　　$U_{s2}=U_2+U_3+U_5$						

 知识链接

1.3 基尔霍夫定律及节点电流法

1.3.1 基尔霍夫定律

1. 基本概念

1）支路

电路中流过同一电流的一段电路称为支路。特点是同一条支路上的元件电流相同，这些元件为串联。其中包含电源的支路叫有源支路，不包含电源的支路叫无源支路。如图 1-3-2（a）中有三条支路，（b）中有 6 条支路。

2）节点

三条或三条以上支路的连接点叫做节点。如图 1-3-2（a）中有 2 个节点，（b）中有 4 个节点。

3）回路

电路中由支路组成的任一闭合路径称为回路。如图 1-3-2（a）中有 3 个回路，（b）中有 7 个回路。

4）网孔

闭合路径内部不含支路的回路称为网孔。如图 1-3-2（a）中有 2 个网孔，（b）中有 3 个网孔。

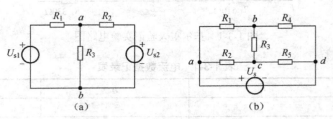

图 1-3-2 复杂电路

【例 1-3-1】如图 1-3-3 所示，该电路共有多少条支路、多少个节点及网孔？

解：共有六条支路：ab、ad、ac、bc、bd、cd；共有四个节点：a、b、c、d；共有三个网孔：$abda$、$bcdb$、$adca$。

【例 1-3-2】如图 1-3-4 所示，该电路共有多少条支路、多少个节点及网孔？

解：共有 5 条支路：ab、两个 ac、两个 bd；共有三个节点：a、b、c（d）；共有三个网孔：aca、$abdca$、bdb。

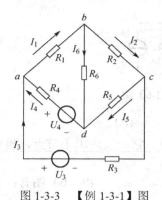

图 1-3-3 【例 1-3-1】图 　　　　图 1-3-4 【例 1-3-2】图

2. 基尔霍夫定律

基尔霍夫定律是针对电路结构而言的，与支路上串联的元件数量和元件的类型无关。基尔霍夫定律分基尔霍夫电流定律（KCL）和基尔霍夫电压定律（KVL）两部分，基尔霍夫电流定律描述的是与节点相连的各支路电流之间的关系，基尔霍夫电压定律描述的是回路中各元件电压之间的关系。基尔霍夫定律中参数的方向指的都是<u>参考方向</u>。

3. 基尔霍夫电流定律（KCL）

基尔霍夫电流定律的英文全称为 Kirchhoff's Current Law，简写为 KCL。基尔霍夫电流定律的内容为：在任意时刻，由于节点处无电荷囤积，流出任意节点的所有支路电流之和等于流入该节点的所有支路电流之和。用公式表示即：

$$\sum I_{流入} = \sum I_{流出} \tag{1-3-1}$$

如果选定电流流入节点为正，流出节点为负，基尔霍夫电流定律还可以表述为：对于任何电路中的任意节点，在任一时刻，流过该节点的电流之和恒等于零。其数学表达式为

$$\sum I = 0 \tag{1-3-2}$$

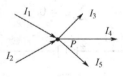

图 1-3-5

例如对于图 1-3-5 而言，节点 P 应用 KCL 可以列两个等价的数学表达式：

$$I_1 + I_2 = I_3 + I_4 + I_5$$
$$I_1 + I_2 - I_3 - I_4 - I_5 = 0$$

【注意事项】
① 列式时看参考方向（不看数值的正负号）；
② <u>代入数值时看数值的正负号（不看参考方向）。</u>
【例 1-3-3】 如图 1-3-6 所示，求电流 I 的大小？

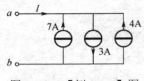

图 1-3-6 【例 1-3-6】图

解： 应用式（1-3-1）列式：$I + 7 + 4 = 3$，$\therefore I = -8(A)$。

基尔霍夫电流定律实际上是电流连续性的表现。它一般应用于节点，也可推广应用于任一闭合系统。

例如，对于如图 1-3-7 所示，由（a）图有：$I_1 + I_2 = I_3$；由（b）图有：$I_b + I_c = I_e$

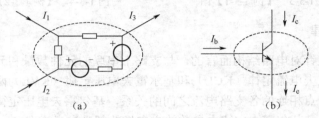

图 1-3-7

4. 基尔霍夫电压定律（KVL）

基尔霍夫电压定律的英文全称为 Kirchhoff's Voltage Law，简写为 KVL。基尔霍夫电压定律的内容为：在任意时刻，沿任意回路绕行一周回到起点，正电荷获得的能量与消耗的能量相等，也即回路中电压升之和等于电压降之和。用公式表示为：

$$\sum U_{升} = \sum U_{降} \qquad (1\text{-}3\text{-}3)$$

首先选定回路绕行方向为电压降低方向，然后观察每个元件上的参考方向与绕行方向是否一致，如果一致则该电压取正，如果不一致则该电压取负，基尔霍夫电压定律还可以表述为：任一时刻，电路中任一闭合回路内各段电压的代数和恒等于零。其数学表达式为

$$\sum U = 0 \qquad (1\text{-}3\text{-}4)$$

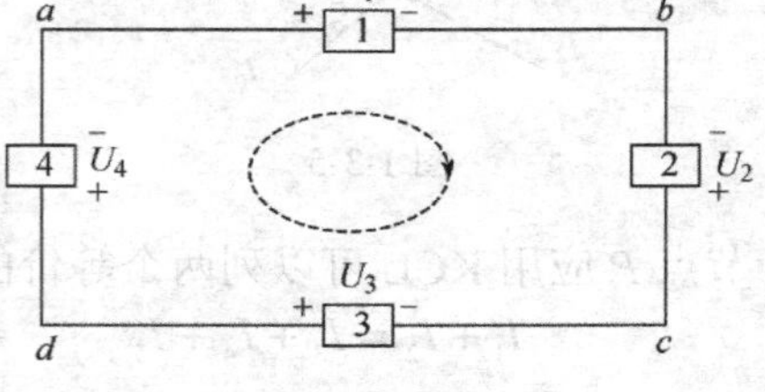

图 1-3-8

如图 1-3-8 所示，从 a 点开始按顺时针方向（也可按逆时针方向）绕行一周，有：

$$U_1 + U_4 = U_2 + U_3$$

或

$$U_1 - U_2 - U_3 + U_4 = 0$$

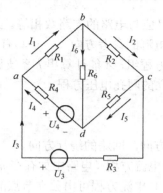

图 1-3-9

【例 1-3-4】 对如图 1-3-9 中所示的回路 *abda* 和回路 *abcda* 列写 KVL 方程。

解： 对回路 *abda*：$U_{ab} + U_{bd} + U_{da} = 0 \Rightarrow I_1R_1 + I_6R_6 - U_4 + I_4R_4 = 0$；

对回路 *abcda*：$U_{ab} + U_{bc} + U_{cd} + U_{da} = 0 \Rightarrow I_1R_1 + I_2R_2 + I_5R_5 - U_4 + I_4R_4 = 0$。

【注意事项】

① 对于电阻电路，电阻元件上电压用 IR 代入，当绕行方向与支路电流一致时，则电阻上电压为$+IR$，相反时为$-IR$；而当绕行方向经电源时，不论电源是 U_s 还是 E，只要绕行方向经电源时为电位降低（从正极到负极），取$+U_s$ 或$+E$，反之为电位升高（从负极到正极），取$-U_s$ 或$-E$，而与流过电源电流方向无关。

② KVL 还可以推广应用到电路中任意不闭合的假想回路。但要将开口处的电压列入 KVL 方程。

【例 1-3-5】 对图 1-3-10 中的从 *a* 到 *b* 的开口回路列写 KVL 方程。

解： $u_{ab} + u_{s3} + i_3R_3 - i_2R_2 - u_{s2} - i_1R_1 - u_{s1} = 0$

或 $u_{ab} = u_{s1} + i_1R_1 + u_{s2} + i_2R_2 - i_3R_3 - u_{s3}$

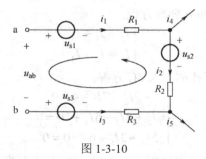

图 1-3-10

1.3.2　支路电流法

1. 支路电流法概念

以支路电流为待求量，应用 KCL、KVL 列出与支路电流数目相等的独立方程式，通过联立方程组求解各支路电流的方法称为支路电流法，是电路中最基本的求解方法。用支路电流法计算电路时，独立方程式的数目应与电路的支路数相等。方程式中的未知量就是支路电流，所以列方程之前应先设定各支路电流的参考方向。一个具有 b 条支路、n 个节点的电路，由上面的介绍只有列写 b 个独立的方程组，才能计算出 b 条支路电流，而这 b 个方程分别为 $n-1$ 个节点电流方程和 $b-(n-1)$ 个独立的网孔电压方程。

2. 支路电流法的求解步骤

（1）假设各支路电流的参考方向，回路的绕行方向。

（2）应用 KCL 对独立节点列电流方程（电路中如存在 n 个节点，其中只有 $n-1$ 个节点为独立节点，剩下的一个节点其 KCL 电流方程可由独立节点的电流方程推导得出）。

（3）应用 KVL 对回路列电压方程（一般选取网孔列 KVL 方程），使 KCL+KVL 独立方程式的数目与电路的支路数相等。

（4）联立求解得各支路电流。

【例 1-3-6】 应用支路电流法对如图 1-3-11 所示列写支路电流方程。

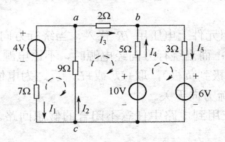

图 1-3-11　【例 1-3-6】图

解：（1）假设各支路电流方向及回路绕行方向如图 1-3-11 所示（参考方向是任意的，不一定和图中的一样，读者可以尝试改变参考方向解答）；

（2）应用 KCL 对节点 a 和 b 列写方程：

$$\begin{cases} I_2 = I_1 + I_3 \\ I_5 = I_3 + I_4 \end{cases}$$

（3）对从左至右的三个网孔列写 KVL 方程：

$$\begin{cases} -9I_2 - 7I_1 - 4 = 0 \\ 9I_2 + 2I_3 - 5I_4 + 10 = 0 \\ 5I_4 + 3I_5 + 6 - 10 = 0 \end{cases}$$

【例 1-3-7】 应用支路电流法求如图 1-3-12 所示各支路电流。

解：（1）假设各支路电流方向及回路绕行方向如图 1-3-12 所示；

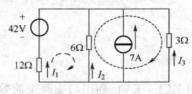

图 1-3-12　【例 1-3-7】图

（2）支路数为 4，但恒流源支路的电流已知，则未知电流只有 3 个，所以可只列 3 个方程：

$$\begin{cases} I_1 + I_2 + I_3 + 7 = 0 \\ -I_2 \times 6 + I_1 \times 12 - 42 = 0 \\ -I_3 \times 3 + I_2 \times 6 = 0 \end{cases}$$

（3）联立求解得：

$$\begin{cases} I_1 = 2(A) \\ I_2 = -3(A) \\ I_3 = -6(A) \end{cases}$$

知识拓展——电阻的主要参数与电阻值的表示方法

1．电阻的主要参数

标称阻值：标称在电阻器上的电阻值称为标称值，单位：Ω，$k\Omega$，$M\Omega$。标称值是根据国家制定的标准系列标注的，不是生产者任意标定的，不是所有阻值的电阻器都存在。

允许误差：电阻器的实际阻值对于标称值的最大允许偏差范围称为允许误差，误差代码：F、G、J、K…（常见的误差范围是：0.01%，0.05%，0.1%，0.5%，0.25%，1%，2%，5%等）。

额定功率：指在规定的环境温度下，假设周围空气不流通，在长期连续工作而不损坏或基本不改变电阻器性能的情况下，电阻器上允许的消耗功率。常见的有 1/16W、1/8W、1/4W、1/2W、1W、2W、5W、10W。

2．电阻值的表示方法

电阻值的标识法有：色环法和数码法。

1）色环法

色环法主要针对色环电阻，色环电阻有四环和五环，其标识方法如图 1-3-13 所示。

电阻器色环助记口诀：

棕 1 红 2 橙上 3，4 黄 5 绿 6 是蓝，7 紫 8 灰 9 雪白，黑色是 0 须记牢。

例如：某色环电阻第一色环为红、第二色环为黄、第三色环为绿、第四色环为银，则电阻阻值为 $24 \times 10^5 \Omega = 2400 k\Omega$，阻值误差 10%。

2）数码法

用三位数字表示元件的标称值。从左至右，前两位表示有效数位，第三位表示 10^n（$n = 0 \sim 8$），$n = 9$ 时为特例，表示 10^{-1}，而标志是 0 或 000 的电阻器，表示是跳线，阻值为 0Ω。

例如：471=470Ω、105=1M、2R2=2.2Ω、塑料电阻器的 103 表示 $10 \times 10^3 = 10 k\Omega$、512 表示 5.1$k\Omega$。

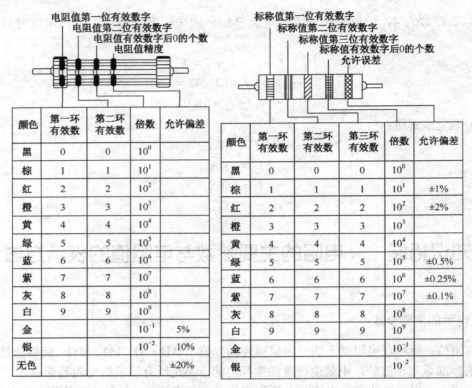

图 1-3-13　色环电阻的标识方法

练习与思考 3

一、填空题

1. 基尔霍夫电流定律是对电路中的_____列写_____方程。

2. 基尔霍夫电压定律的数学表达式为_____，如图 1-3-14 所示电路 U_{ab}=_____。

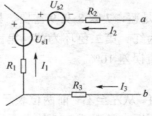

图 1-3-14

3. 一个电路有 b 条支路，n 个节点，可以列_____个独立的 KCL 方程，可以列_____个独立的 KVL 方程。

4. 基尔霍夫定律中参数的方向指的_____。

二、单项选择题（选择正确的答案填入括号内）

1. 通过电阻上的电流增大到原来的 3 倍时，电阻消耗的功率为原来的（　　）倍。

   A. 3　　　　　　　　B. 6　　　　　　　　C. 9

2. 把如图 1-3-15 所示的电路改为如图 1-3-16 的电路，其负载电流 I_1 和 I_2 将（　　）。

   A. 增大　　　　　　B. 不变　　　　　　C. 减小

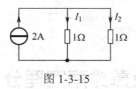　　　　　　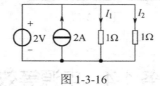

图 1-3-15　　　　　　　　　　　　　　图 1-3-16

3. 如图 1-3-17，由欧姆定律得，$U_{ba}=-(-6)\times5$，其中括号内的负号表示（　　）。

   A. 电压的参考方向与实际方向相反　　　B. 电流的参考方向与实际方向相反

   C. 电压与电流为非关联参考方向

4. 如图 1-3-18 所示的电路，已知 $R_1=50\Omega$（1W），$R_2=100\Omega$（12W），当 S 闭合时，将使（　　）。

   A. R_1 烧坏，R_2 不会烧坏　　　　　B. 均烧坏

   C. R_1 未烧坏，R_2 烧坏

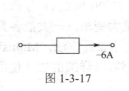　　　　　　　　　　　　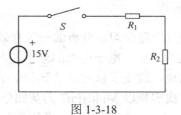

图 1-3-17　　　　　　　　　　　　　图 1-3-18

三、分析计算题

1. 根据基尔霍夫定律，求图 1-3-19 所示电路中的电流 I_1 和 I_2；

2. 根据基尔霍夫定律，求图 1-3-20 所示电路中的电压 U_1、U_2 和 U_3。

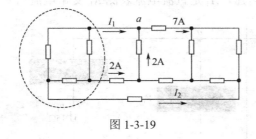　　　　　　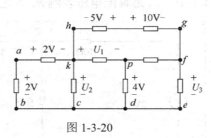

图 1-3-19　　　　　　　　　　　　图 1-3-20

3. 求图 1-3-21 所示电路中的电压 U。

4. 求图 1-3-22 所示电路中的电流 I 及电压 U_{AB}。

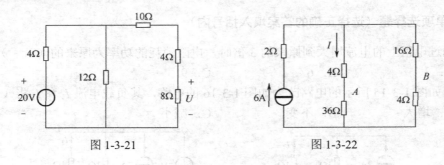

图 1-3-21   图 1-3-22

任务 1-4   电源等效变化及戴维南定理分析

1．任务目标

（1）掌握电压源和变换原则。

（2）掌握戴维南定理。

（3）能够化简有源电路。

2．实践操作

仿真是现代电路学习、分析的一种有效的方法和手段。从 20 世纪 80 年代开始，随着计算机技术的迅速发展，电子电路的分析与设计方法发生了重大变革，一大批各具特色的优秀仿真软件的出现，改变了以定量估算和电路实验为基础的电路设计方法，Multisim 软件就是其中之一。本次实验以 Multisim7 为基础分析二端网络的等效。（详细的软件使用可以访问网站 www.electronicsworkbench.com 或参考附录 A）

1）原电路验证

（1）打开 Multisim7 仿真实验软件，建立如图 1-4-1 所示的实验电路。

（2）打开仿真开关，记录 a、b 两端的电压 U_{ab} 和负载电阻 R_L 上流过的电流值 I_{RL}，并填在表 1-4-1 中（V_1 是直流电压表测 a、b 之间电压，A_1 是直流电流表测 R_L 支路电流）。

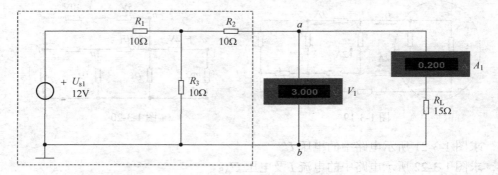

图 1-4-1   戴维南实验电路

表 1-4-1　戴维南定理实验数据记录表

原电路验证数据		应用戴维南定理测出数据		等效电路测试数据	
U_{ab}	I_{RL}	开路电压 U_0	等效电阻 R_0	U'_{ab}	I'_{RL}
结论		$U_{ab}=U'_{ab}$　　$I_{RL}=I'_{RL}$			

2）测量二端网络开路电压 U_0

（1）打开 Multisim7 仿真实验软件，建立电路图 1-4-2 即图 1-4-1 中负载开路电路图。

（2）打开仿真开关，记录此时 a、b 两端的电压 U_0 并填在表 1-4-1 中开路电压栏。

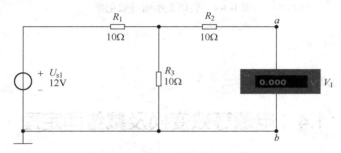

图 1-4-2　测量二端网络开路电压

3）测量二端网络等效电阻 R_0

（1）打开 Multisim7 仿真实验软件，建立电路图 1-4-3 即图 1-4-1 中负载开路，虚框内电压源短路，电流断路。

（2）打开仿真开关，记录此时 a、b 两端等效电阻 R_0 并填在表 1-4-1 中等效电阻栏。

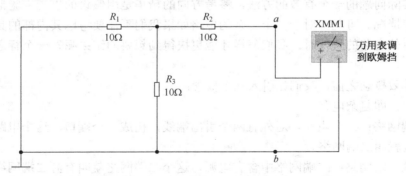

图 1-4-3　测量二端网络等效电阻

4）验证戴维南等效电路

（1）打开 Multisim7 仿真实验软件，根据步骤 3）和 4）测得的 U_0 和 R_0 建立戴维南等效电路图 1-4-4。

（2）打开仿真开关，记录此时 a、b 两端的电压 U'_{ab} 和电阻 R_L 上流过的电流值 I'_{RL}，填在表 1-4-1。

（3）比较步骤 1）和步骤 4）测出的电压和电流，它们在数值上是否相等。

（4）通过理论计算图 1-4-1 中所示虚线框内二端网络的开路电压和等效电阻看仿真误差。

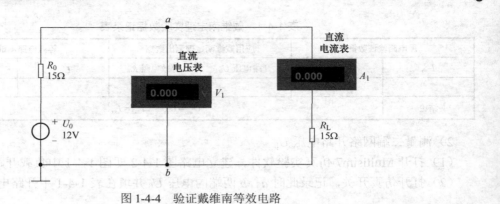

图 1-4-4　验证戴维南等效电路

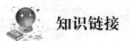　知识链接

1.4　电源等效变换及戴维南定理

1.4.1　二端网络基本概念

在电路中有一个非常重要的概念称为等效，它和基本物理量 u、i 的参考方向一样都是我们分析解决实际问题的一个有效的方法，参考方向的精华是用假设的思想来验证实际的电压和电流的具体情况。可是，对于一个复杂的电路如果我们不需要考虑其内部的具体特性，而重点关注其对外电路的特性时，我们怎样才能更快得到想要的结果呢？一个行之有效的方法就是等效。

在阐述等效概念之前，我们先引入几个概念：

（1）网络：即复杂电路。

（2）二端网络：一个电路，对外有两个引出端线，构成一个端口，这个电路及其对外引出的两个端线就叫二端网络。

（3）有源二端网络：二端网络中含有电源，这个二端网络就叫有源二端网络，可以等效为实际电源形式。

（4）无源二端网络：二端网络中不含有电源，这个二端网络就叫无源二端网络，可以等效为一个电阻形式。

所谓等效，就是指两个二端网络的伏安特性完全相同，而不用关心两个网络内部都是由什么具体元件构成的，这样我们就可以用一个简单的二端网络来分析复杂二端网络对外电路的特性。如图 1-4-5 所示。

当二端网络 A 与二端网络 B 的端口伏安特性完全相同时，即

$$i_A = i_B;\quad u_A = u_B,$$

则称二端网络 A 与二端网络 B 是两个对外电路等效的网络，它们是可以相互替换的。

图 1-4-5　二端网络等效

1.4.2　电源的等效变换

1. 实际电源两种模型等效变换

一个实际电源可以用两种模型来表示，即可以用理想电压源与内阻串联的形式来表示，也可以用理想电流源与内阻并联的形式来表示，对外电路而言，如果电源的外特性相同，即两个电源模型的外特性曲线完全吻合，则无论采用哪种模型计算外电路电阻 R_L 上的电流、电压，结果都相同，我们说这两个电源模型对负载 R_L 而言是等效的，是可以互相替换的。

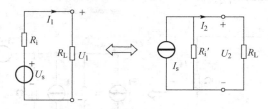

图 1-4-6　实际电源两种模型等效变换

如图 1-4-6 而言，如果 $I_1 = I_2$ 且 $U_1 = U_2$，则两种模型可以等效。

由基尔霍夫定律可知：

$$\begin{cases} U_1 = U_s - I_1 R_i \\ I_s = I_2 + \dfrac{U_2}{R_i^{'}} \\ U_2 = I_s R_i^{'} - I_2 R_i^{'} \end{cases}$$

只有当 $\begin{cases} I_s R_i = U_s \\ R_i = R_i^{'} \end{cases}$ 时，可得 $I_1 = I_2$、$U_1 = U_2$，此时两个实际电源等效。

2. 实际电源等效注意事项

（1）理想电压源与理想电流源之间无等效关系。

（2）任何一个电压源 U_s 和某个电阻 R 串联的电路，都可化为一个电流为 I_s 和这个电阻并联的电路。

（3）等效变换时，两电源的参考方向要一一对应。如图 1-4-7 所示。

（4）电压源和电流源的等效关系只对外电路而言，对电源内部则是不等效的。

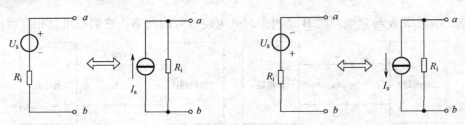

图 1-4-7　等效变换时电源参考方向

【例 1-4-1】 对图 1-4-8 用电源的等效变换求未知电流。

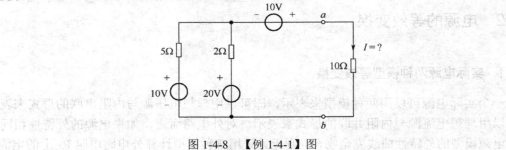

图 1-4-8　【例 1-4-1】图

解： 变换过程如图 1-4-9 所示：

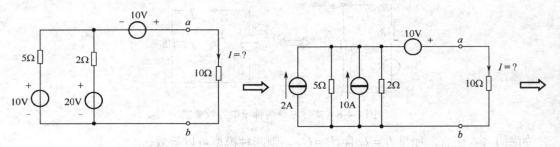

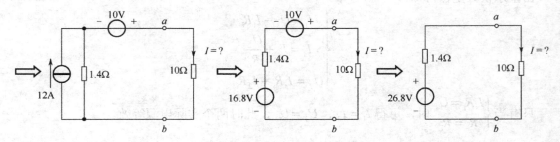

图 1-4-9　【例 1-4-1】变换过程

$$\therefore I = \frac{26.8}{1.4+10} \approx 2.38(A)$$

3. 实际电源等效技巧

（1）如果是两个实际电源并联，先把这两个实际电源用电流源模型表示，然后合并为一个实际电源的形式。

（2）如果是两个实际电源串联，先把这两个实际电源用电压源模型表示，然后合并为一个实际电源的形式。

1.4.3　戴维南定理

1. 戴维南定理

在一个复杂电路的计算中，若需计算出来某一支路的电流和电压，可以把电路划分为两部分，一部分为待求支路，另一部分看成是一个二端网络。如果一个二端网络中含有独立电源，称为有源二端线性网络。从前面的二端网络等效可知，任何一个有源二端网络都可以用实际电源模型等效。而戴维南定理描述的就是这样一个定理。

戴维南定理的描述：任何一个有源线性二端网络都可以用一个电压为 U_{oc} 理想电压源与阻值为 R_i 电阻串联的实际电压源模型来等效替换。如图 1-4-10 所示。

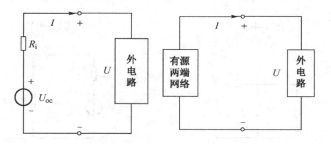

图 1-4-10　戴维南等效电路

U_{oc} 就是有源二端网络的开路电压，即将外电路断开后 a、b 两端之间的电压。

R_i 等于有源二端网络中所有电源均除去（理想电压源短路，理想电流源开路）后所得到的无源二端网络 a、b 两端之间的等效电阻。

2. 戴维南等效电路求解方法

1）计算法

（1）断开外电路求开路电压值 U_{oc}；

（2）将有源二端网络中所有电源均除去（理想电压源短路，理想电流源开路）后求等效电阻 R_i；

（3）画出等效电路。

2）实验法

（1）用电压表测开路电压 U_{oc}；

（2）用电流表测流过负载的电流 I，求得 $R_i = \dfrac{U_{oc}}{I}$；

（3）画出等效电路。

【例 1-4-2】 用戴维南定理求电路如图 1-4-11 中所示的电流 I。

解：（1）求开路电压，a、b 开路后的电路如图 1-4-12 所示，根据 KVL 可得：

$$I' \times 6 + I' \times 3 = 20 - 2 \Rightarrow I' = \frac{18}{9} = 2(A)$$

$$U_{ab} = -2 \times 6 + 20 = 8(V) \quad \therefore U_{oc} = 8(V)；$$

（2）求等效电阻 R_i，所有电源均除去后的电路如图 1-4-13 所示，根据电路的等效可得：

$$R_i = 3 / /6 + 2 = 4(\Omega)；$$

（3）画戴维南等效电路如图 1-4-14 所示。则 $I = \frac{8}{9} = 0.89(A)$。

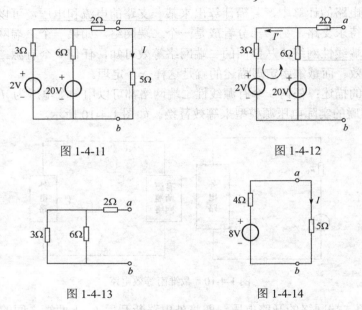

图 1-4-11 图 1-4-12

图 1-4-13 图 1-4-14

1.4.4 诺顿定理

任何一个线性含源二端电阻网络，对于外电路来说，总可以用一个电流源与一个电导相并联组合来等效，电流源的电流为该网络的短路电流 I_{sc}，其电导等于该网络中所有理想电源为零时（理想电压源短路，理想电流源开路），从网络两端看进去的等效电导 G_i。如图 1-4-15 所示。

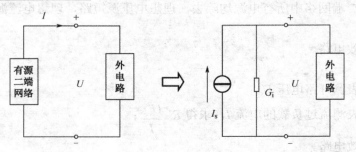

图 1-4-15 诺顿等效电路

等效电路求解方法如例 1-4-3 所示。

【例 1-4-3】 求电路图 1-4-16 中 a、b 端的诺顿等效电路。

解：（1）求入端电导，所有电源均除去后的电路如图 1-4-17 所示：

$$G_i = \frac{1}{5} + 1 = \frac{6}{5}(\text{s}) \qquad R_i = \frac{5}{6}(\Omega)$$

（2）求短路电流，a、b 短路后的电路如图 1-4-18 所示：

$$I_{sc} = \frac{3}{1} = 3(\text{A})$$

（3）画诺顿等效电路如图 1-4-19 所示。

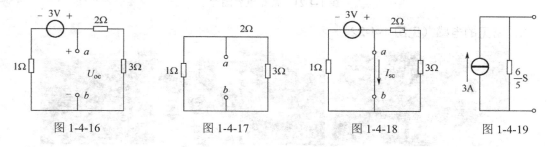

图 1-4-16　　　　　　图 1-4-17　　　　　　图 1-4-18　　　　　　图 1-4-19

知识拓展——常见的电阻、电容与电感

1．常见的电阻（见图 1-4-20）

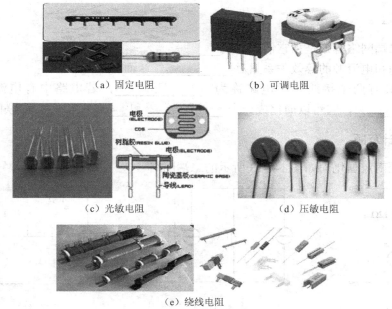

（a）固定电阻　　　　　　（b）可调电阻

（c）光敏电阻　　　　　　（d）压敏电阻

（e）绕线电阻

图 1-4-20　常见电阻图片

2．常见的电容（见图 1-4-21）

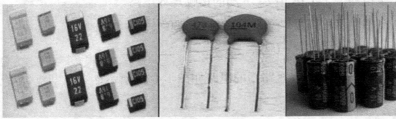

（a）贴片电容　　　　　（b）陶瓷电容　　　　（c）电解电容

图 1-4-21　常见电容图片

3．常见的电感（见图 1-4-22）

图 1-4-22　常见电感图片

练习与思考4

一、填空题

1．两个二端网络等效是指它们端口的＿＿＿＿＿＿＿＿＿完全相同。

2．电压源和电流源的等效关系只对＿＿＿＿＿＿＿而言。

3．任何具有两个接线端的电路称为＿＿＿＿＿＿＿，若电路中有电源存在的称为＿＿＿＿＿＿＿＿，它可以简化成一个＿＿＿＿＿和＿＿＿＿＿＿串联的等效电路。

二、分析计算题

1．用戴维南定理化简如图 1-4-23 所示的二端网络。

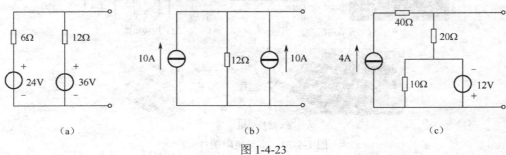

（a）　　　　　　　　　　　（b）　　　　　　　　　（c）

图 1-4-23

2．用戴维南定理化简如图 1-4-24 所示的二端网络。

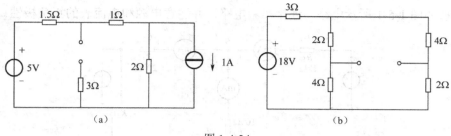

图 1-4-24

3．电路如图 1-4-25 所示，试用电压源与电流源等效变换的方法计算流过 4Ω 和 6Ω 电阻的电流 I 。

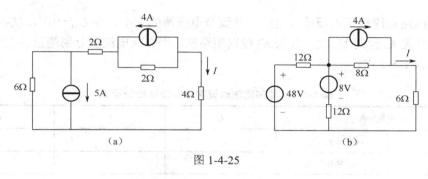

图 1-4-25

任务 1-5　叠加原理分析

1．任务目标

（1）掌握叠加原理。
（2）掌握节点电压法。
（3）会用叠加原理和节点电压法分析复杂电路。

2．元件清单

（1）可调直流电压源（0～30V）2 台；
（2）直流电流表（0～100mA）3 块；
（3）直流电压表（0～30V）1 块；
（4）阻值为 100Ω、200Ω、1kΩ 电阻各一个，导线若干；
（5）单刀双掷开关 2 个；
（6）试验台一个。

3．实践操作

（1）按如图 1-5-1 所示电路图连接实验电路，并注意电源和电流表的正负极性。

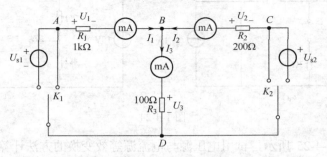

图 1-5-1　叠加原理实验验证电路图

（2）将两路直流稳压电源接入电路，并调节电压源的大小，令 U_{s1}=10V，U_{s2}=5V。

（3）将开关 K_1 投向 U_{s1} 侧，开关 K_2 投向短路侧，用直流电流表分别测量各支路电流，并将数据填入表 1-5-1 中。

表 1-5-1　叠加定理验证实验电流数据记录表

被测量/mA		I_1	I_2	I_3
U_{s1}=10V U_{s2}=5V	U_{s1} 单独作用			
	U_{s2} 单独作用			
	U_{s1}、U_{s2} 单独作用			
结论				

（4）将电路保持不变，用直流电压表测量各电阻元件两端的电压，并将数据填入表 1-5-2 中。

表 1-5-2　叠加定理验证实验电压数据记录表

被测量/mA		U_1	U_2	U_3
U_{s1}=10V U_{s2}=5V	U_{s1} 单独作用			
	U_{s2} 单独作用			
	U_{s1}、U_{s2} 单独作用			
结论				

（5）将开关 $K1$ 投向短路侧，开关 $K2$ 投向 U_s2 侧，重复步骤（3）（4），并把数据填入表 1-5-1 和表 1-5-2 中。

（6）将开关 K_1 投向 U_{s1} 侧，开关 K_2 投向 U_{s2} 侧，重复步骤（3）（4），并把数据填入表 1-5-1 和表 1-5-2 中。

（7）对表 1-5-1 与表 1-5-2 的数据进行分析处理，是否发现两个电源共同作用下的电压和电流与单个电源作用下的电压与电流的关系，然后填写结论。

1.5　叠加原理及节点电压法

1.5.1　叠加原理

1．叠加定理概念

叠加定理是线性电路中一条十分重要的定理，不仅可以用于计算电路，更重要的是建立了输入和输出的内在关系。叠加定理的描述为：在线性电路中，如果电路中存在多个电源共同作用，则任何一条支路的电压或电流等于每个电源单独作用，在该支路上所产生的电压或电流的代数和。电路中的电源依次使用，每次电路中只留有一个电源，其余独立电源应置零，即电压源短路，电流源断路。同时应保留所有电阻，电阻所在的位置也不变。

2．叠加定理应用注意事项

（1）叠加原理只适用于线性电路。

（2）线性电路的电流或电压均可用叠加原理计算，由于功率为电压或电流的平方，是二次函数，故功率 P 不能用叠加原理计算。

（3）不作用电源的处理：$U_s=0$，即将 U_s 短路；$I_s=0$，即将 I_s 开路。

（4）运用叠加定理时，注意各电源单独作用时电路各处电压、电流的参考方向与电源共同作用时的参考方向应设定为一致。

3．叠加定理解题步骤

（1）在原电路中标出所求量的参考方向；

（2）画出各电源单独作用时的电路，并标明各分量的参考方向；

（3）分别计算各分量；

（4）将各分量叠加。若分量与总量方向一致，取正；相反，则取负。

【例 1-5-1】用叠加原理求如图 1-5-2（a）中所示电流 I_1 和 I_2。

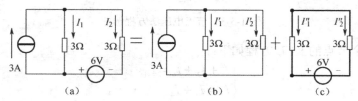

图 1-5-2　【例 1-5-1】图

解：（1）标出所求量 I_1 和 I_2 的参考方向如图 1-5-2（a）所示；

（2）原电路图可以用（b）（c）的叠加来表示，如图 1-5-2 所示；

（3）对于（b）图：

$$I_1' = \frac{3}{2} = 1.5(A)，\quad I_2' = \frac{3}{2} = 1.5(A)；$$

对于（c）图：

$$I_1'' = -\frac{6}{3+3} = -1(A)，\quad I_2'' = 1(A)；$$

（4）$I_1 = I_1' + I_1'' = 1.5 - 1 = 0.5(A)$；$I_2 = I_2' + I_2'' = 1.5 + 1 = 2.5(A)$。

1.5.2 节点电压法

节点电压法，也叫节点电位法，有时简称为节点法，是电路分析的一种重要方法。对于分析支路多、节点少的电路尤为方便。大型复杂网络用计算机辅助分析时，节点法是一种基本的方法。

1. 节点电压法

电路中，任意选择某一节点为参考点，其他节点与参考点之间的电压便是节点电压。本书规定节点电压的参考极性均以参考节点处为"−"极。

以节点电压为未知量，根据 KCL 列出节点电流方程，从而解得节点电压，然后依据一段含源电路或无源电路的欧姆定律，求出各支路电流，这种分析方法叫节点电压法，简称节点法。

下面通过一个例子讲解节点电压方程的列写方法，如图 1-5-3 所示，该电路共有 4 个节点，其中独立节点有 3 个，所以未知节点电压有 3 个，设为 V_1、V_2、V_3，节点 4 为参考节点，即为整个电路的零电位点。

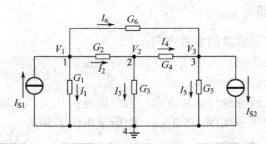

图 1-5-3 节点电压法方程例图

（1）列出三个节点的 KCL 方程如下：

$$\begin{cases} I_1 + I_2 + I_6 = I_{s1} \\ I_2 = I_3 + I_4 \\ I_4 + I_6 = I_5 + I_{s2} \end{cases}；\qquad (1\text{-}5\text{-}1)$$

（2）每条支路上的电流均可根据节点上的电压 V_1、V_2、V_3 列出表达式：

$$I_1 = G_1V_1; I_2 = G_2(V_1 - V_2); I_3 = G_3V_2;$$
$$I_4 = G_4(V_2 - V_3); I_5 = G_5V_3; I_6 = G_6(V_1 - V_3); \tag{1-5-2}$$

将式（1-5-2）代入式（1-5-1）得：

$$\begin{cases} G_1V_1 + G_2(V_1 - V_2) + G_6(V_1 - V_3) = I_{S1} \\ G_2(V_1 - V_2) = G_3V_2 + G_4(V_2 - V_3) \\ G_4(V_2 - V_3) + G_6(V_1 - V_3) = G_5V_3 + I_{S2} \end{cases} \Rightarrow$$

$$\begin{cases} (G_1 + G_2 + G_6)V_1 - G_2V_2 - G_6V_3 = I_{S1} \\ -G_2V_1 + (G_2 + G_3 + G_4)V_2 - G_4V_3 = 0 \\ -G_6V_1 - G_4V_2 + (G_4 + G_5 + G_6)V_3 = -I_{S2} \end{cases} \Rightarrow$$

$$\begin{cases} G_{11}V_1 + G_{12}V_2 + G_{13}V_3 = I_{S11} \\ G_{21}V_1 + G_{22}V_2 + G_{23}V_3 = I_{S22} \\ G_{31}V_1 + G_{32}V_2 + G_{33}V_3 = I_{S33} \end{cases} \tag{1-5-3}$$

式（1-5-3）即为节点电压方程标准形式。

（3）接下来引入三个概念：自导、互导和电源；

$G_{ii} \rightarrow$ 自电导，简称自导，自导永远为正。式（1-5-3）中的自导为 $G_{11}=G_1+G_2+G_6$；$G_{22}=G_2+G_3+G_4$；$G_{33}=G_4+G_5+G_6$；

$G_{ij}=G_{ji} \rightarrow$ 互电导，简称互导，节点 i 与节点 j 之间所有电导之和，互导永远为负。式（1-5-3）中的互导为 $G_{12}=G_{21}=-G_2$；$G_{13}=G_{31}=-G_6$；$G_{23}=G_{32}=-G_4$；

$I_{sni} \rightarrow$ 节点电源，表示所有流入、流出节点 i 的所有电流源电流的代数和。流进节点的电流源电流为正，流出节点的电流源电流为负。这里所指的电流指的是理想电流源的电流，而不是支路电流。如果支路中含有电压源，则把它转换为电流源；若某支路既无电压源又无电流源，则此支路的电流源电流代数和为零。

2．节点电压法解题步骤

（1）选好参考节点，以此节点为"-"极，其余节点与参考点间的电压就是节点电压；

（2）计算各节点的自电导和互电导，自电导取正，互电导取负；

（3）计算各节点电流源电流的代数和，流入该节点的电流源电流取正号，反之取负号，其中电压源的参考"+"极性指向节点时，G_kU_{sk} 前面取正号，反之取负号；

（4）列出节点方程；

（5）解出各节点电压；

（6）标出各支路电流的参考方向，用一段电路的欧姆定律，求出各支路的电流，再计算其他物理量。

3．应用节点电压法时注意事项

（1）I_{snn} 是表示流入或流出第 n 个节点的各支路电流源的电流代数和，而不是各支路的支路电流，若某支路既无电压源又无电流源，则此支路的电流源电流为零，但支路电流还存在；

（2）求电导时，要取得精确一些，否则会造成较大的误差。在节点较多时常常采用计算机进行运算以调高计算的速度和准确度；

（3）恒流源支路含有的电阻应移去，在计算电导时与该电阻无关；

（4）若某个节点到参考节点之间只有恒压源，则节点电压即为恒压源电压，可减少一个节点电压方程。为了人工计算的方便性，尽量选只有恒压源支路的负极做参考点。

【例 1-5-2】如图 1-5-4 所示，应用节点电压法求各支路电流。

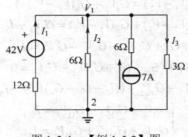

图 1-5-4　【例 1-5-2】图

解：观察该电路只有 2 个节点，故只可以列一个独立的节点电压方程，令节点 2 为参考节点。

因只有一个独立节点，所以只有自导 G_{11}，无互导；

$$G_{11} = \frac{1}{12} + \frac{1}{6} + \frac{1}{3}$$

$$I_{s11} = \frac{42}{12} + 7$$

列出节点电压方程：$G_{11}V_1 = I_{s11}$；

所以 $V_1 = \dfrac{\dfrac{42}{12} + 7}{\dfrac{1}{12} + \dfrac{1}{6} + \dfrac{1}{3}} = 18(\text{V})$；

应用欧姆定律求各电流：

$$I_1 = \frac{42 - U_{ab}}{12} = \frac{42 - 18}{12} = 2(\text{A})$$

$$I_2 = -\frac{U_{ab}}{6} = -\frac{18}{6} = -3(\text{A})$$

$$I_3 = \frac{U_{ab}}{3} = \frac{18}{3} = 6(\text{A})$$

4. 弥尔曼定理

若只有两个节点的电路而应用节点电压法时，称为弥尔曼定理。此时用节点电压法只需一个方程就能求出节点电压，进而求出各支路电流了。见【例 1-5-2】。

$$G_{11}V_1 = I_{s11}$$

$$V_1 = \frac{\sum U_s \cdot G}{\sum G}$$

当电压源 U_s 的参考 "+" 极连到节点 1 时，U_sG 前取正号，反之取负号。

练习与思考5

一、填空题

1. 叠加定理使用于_____电路，只能用来计算电压和电流，不能计算_____。

2. 应用叠加定理可以把复杂电路分解为单一电源的几个简单电路进行计算。当某一电源单独作用时，其余电压源_____，电流源_____。

3. 弥尔曼定理使用于_____节点的电路。

二、分析计算题

1. 求如图 1-5-5 所示电路中 A 点的电位。

2. 在如图 1-5-6 所示电路中，分别以 C 点和 D 点为参考点，求 A 点的电位值。

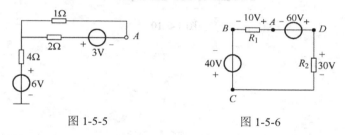

图 1-5-5　　　　　　　　图 1-5-6

3. 试用叠加定理计算如图 1-5-7 所示电路中流过 8Ω 电阻的电流 I。

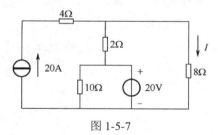

图 1-5-7

4. 试用叠加定理计算如图 1-5-8 所示电路中流过 6Ω 电阻的电流 I。

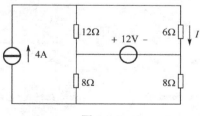

图 1-5-8

5. 试用节点电压法求如图 1-5-9 所示各支路的电流。

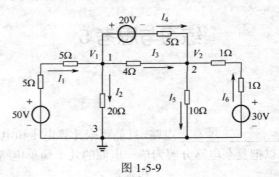

图 1-5-9

6. 试用节点电压法求如图 1-5-10 所示各支路的电流。

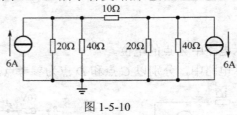

图 1-5-10

项目二

正弦交流电路的基本分析方法

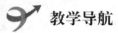 **教学导航**

本项目介绍正弦交流电路的稳态分析。正弦信号是一种基本信号，十分广泛地应用于工农业生产和日常生活中。另外，从信号分析的角度看，任何复杂的信号都可以分解为按正弦规律变化的分量。因此，研究复杂信号作用下的电路响应，可以利用叠加原理分别研究每一个正弦分量信号作用下的电路响应，再叠加得到总的响应。故对正弦稳态电路的分析在电路分析中占有十分重要的地位。

所有电压、电流为同一频率的正弦函数的电路称为正弦交流电路。本项目先介绍正弦的三要素，正弦量的相量表示；再介绍正弦交流电路的分析方法和正弦交流电路的功率；最后介绍三相交流电路的电源和负载的连接方式，以及三相交流电路的功率。

任务 2-1　仿真测试 RC 及 RLC 串联电路

1. 任务目标

（1）正确理解正弦量的概念，牢记正弦量的三要素。

（2）正确区分瞬时值、最大值、有效值。

（3）学会分析交流电路单一元件参数及 RLC 串联电路。

（4）掌握交流电路仿真的方法。

2. 元件清单

（1）四踪示波器 1 台；

（2）万用表 3 台；

（3）单相交流电源 1 台；

（4）可调电阻、电感、电容若干，导线若干。

3．实践操作

1）RC 交流电路的研究

（1）打开 Multisim7，按如图 2-1-1 所示电路图连接试验电路。为了同时观察和方便对比电阻、电容器端电压的变化，将实验电路连接成结构参数完全相同的两个电路。详细的软件使用可以访问网站 www.electronicsworkbench.com 或参考附录 A。

（2）单击仿真开关，调节元件参数为 R_1=1kΩ、R_2=1kΩ、C_1=5μF、C_2=5μF，调整示波器的有关参数后，观察示波器的电压波形及万用表的读数。万用表读数填入表 2-1-1 中。

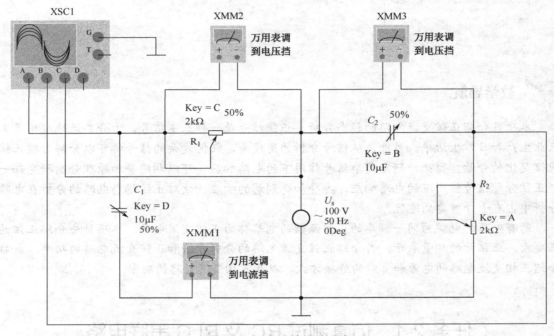

图 2-1-1　RC 交流电路研究

（3）调整电阻 R 或 C 的参数，使 R_1=2kΩ、R_2=1kΩ、C_1=5μF、C_2=5μF，观察各万用表数值及波形的变化情况，并与步骤（2）比较，数据填入表 2-1-1 中。

表 2-1-1　RC 交流电路数据记录表

仪表读数	万用表 1（XMM1）	万用表 2（XMM2）	万用表 3（XMM3）
R_1=1kΩ R_2=1kΩ C_1=5μF C_2=5μF			
R_1=2kΩ R_2=1kΩ C_1=5μF C_2=5μF			
结论	RC 电路可以移相		

R_1=1kΩ、R_2=1kΩ、C_1=5μF、C_2=5μF 时波形如图 2-1-2 所示。

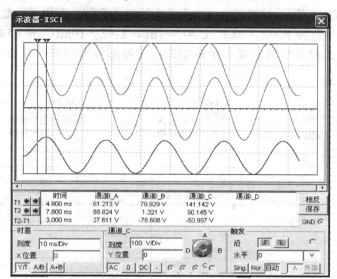

图 2-1-2　RC 移相电路 R_1=1kΩ、R_2=1kΩ、C_1=5μF、C_2=5μF 时波形

R_1=2kΩ、R_2=1kΩ、C_1=5μF、C_2=5μF 时波形如图 2-1-3 所示。

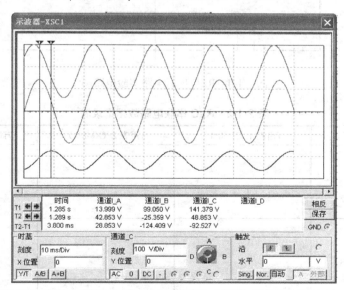

图 2-1-3　RC 移相电路 R_1=2kΩ、R_2=1kΩ、C_1=5μF、C_2=5μF 时波形

图中最上面的是 B 通道波形，中间是 C 通道波形，最下面的是 A 通道波形（RLC 电路波形分析时三个通道的波形位置与 RC 电路一样），比对两图可知，增大电阻，使得从电容两端输出的电压更加滞后于电源输入电压（由示波器可知大约滞后 14°）。

2）RLC 串联电路的研究

（1）按如图 2-1-4 所示电路图连接实验电路。为了同时观察和方便对比电阻、电容器端电压的变化，将实验电路连接成结构参数完全相同的两个电路。

（2）单击仿真开关，调节元件参数为 $R_1=R_2=10\Omega$、$C_1=C_2=1\mu F$、$L_1=L_2=10mH$、$f=50Hz$，调整示波器的有关参数，观察示波器的电压波形及万用表的读数。万用表读数填入表 2-1-2 中。

（3）调节元件参数为 $R_1=R_2=10\Omega$、$C_1=C_2=1\mu F$、$L_1=L_2=10mH$、$f=1.59kHz$，使电路发生谐振，调整示波器的有关参数，观察示波器的电压波形及万用表的读数。万用表读数填入表 2-1-2 中。

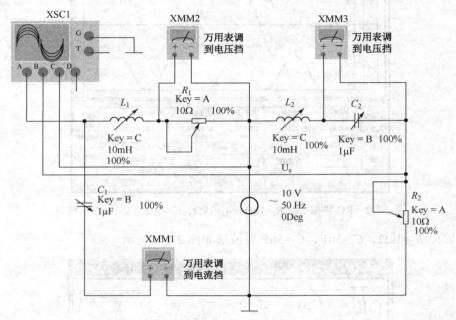

图 2-1-4　RLC 串联电路实验电路图

表 2-1-2　RLC 串联电路数据记录表

仪表读数	万用表 1（XMM1）	万用表 2（XMM2）	万用表 3（XMM3）
$R_1=R_2=10\Omega$ $C_1=C_2=1\mu F$ $L_1=L_2=10mH$ $f=50Hz$			
$R_1=R_2=10\Omega$ $C_1=C_2=1\mu F$ $L_1=L_2=10mH$ $f=1.59kHz$			
结论			

（4）当元件参数为 $R_1=R_2=10\Omega$、$C_1=C_2=1\mu F$、$L_1=L_2=10mH$、$f=50Hz$ 时波形如图 2-1-5 所示，当元件参数为 $R_1=R_2=10\Omega$、$C_1=C_2=1\mu F$、$L_1=L_2=10mH$、$f=1.59kHz$ 时波形如图 2-1-6 所示，比对可以发现，谐振后电容 C 两端峰值电压大约为 141V，之前为 14V，增大了约 10 倍。

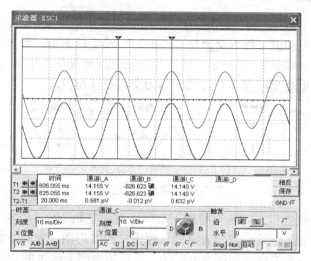

图 2-1-5　RLC 串联电路 $R_1=R_2=10\Omega$、$C_1=C_2=1\mu F$、$L_1=L_2=10mH$、$f=50Hz$ 时波形

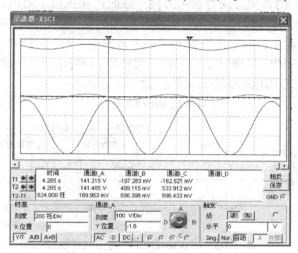

图 2-1-6　RLC 串联电路 $R_1=R_2=10\Omega$、$C_1=C_2=1\mu F$、$L_1=L_2=10mH$、$f=1.59kHz$ 时波形

 知识链接

2.1　正弦交流电路

2.1.1　正弦交流电路基本概念

1. 正弦量概念

电流、电压的大小和方向都不随时间变化，这种电流、电压统称为直流电（DC），一般

用大写字母表示，例如 I、U 等；大小和方向均随时间作周期性变化，且在一个周期内平均值为零的电流（电压、电动势）称为<u>交流电</u>，一般用小写字母表示，例如 i，u 等。交流电的变化形式是多种多样的，如图 2-1-7 所示。随时间按正弦规律变化的电流（电压、电动势）统称为<u>正弦电量</u>，或称为<u>正弦交流电</u>，有时又简称为交流电（AC）。

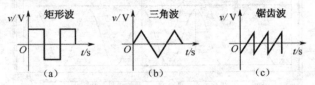

图 2-1-7　常见交流电波形

正弦交流电量的数值和方向随时间按正弦规律周而复始变化。在分析正弦交流电路时，我们首先要写出正弦交流电量的数学表达式，画出它的波形图。为此，必须像直流电路那样，预先设定交流电量的参考方向。如图 2-1-8（b）所示的电路上流过的正弦电流 i，其参考方向如实线箭头所示。当 i 的真实方向与参考方向一致时，是正值，对应波形图的正半周；当 i 的真实方向与参考方向相反时，是负值，对应波形图的负半周。同直流电路一样，我们分析交流电路时，一般习惯将电压和电流选取为关联参考方向。其正弦电流 i 的波形如图 2-1-8（a）所示，在交流电的波形图中，其横轴坐标既可以用时间 t（秒[s]）表示，也可以用电角度 ωt（弧度[rad]）来表示。与波形图相应的正弦电流的数学表达式为：

$$i = I_{\mathrm{m}} \sin(\omega t + \psi) \tag{2-1-1}$$

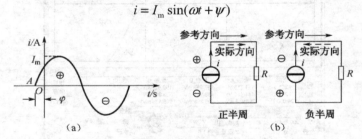

图 2-1-8　正弦交流电的参考方向和波形

式（2-1-1）称为正弦电流的瞬时值表达式。正弦电量在任意瞬间的值称为瞬时值，用小写字母来表示，如用 i、u 和 e 分别来表示正弦电流、正弦电压和正弦电动势瞬时值。利用瞬时值表达式可以计算出任意时刻正弦电量的数值。瞬时值的正或负与假定的参考方向比较，便可确定该时刻电量的真实方向。

式（2-1-1）表明：一个正弦电量的特征表现在变化的最大值（如 I_{m}），随时间变化的快慢 ω 和起始值（$t=0$ 时的数值，它取决于 $t=0$ 时的角度 ψ）三个值。若将这三个量值代入已选定的正弦函数中就完全确定了这个正弦量。故称<u>振幅（最大值）、角频率、初相位为正弦量的三要素</u>。

2．周期、频率、角频率

式（2-1-1）中 ω 称为角频率，它表示在单位时间内正弦电量变化的弧度数，它是反映正弦电量变化快慢的物理量，其单位是弧度/秒（rad/s）。正弦量变化的快慢还可以用周期 T 和

频率 f 来表示。

　　周期指正弦电量变化一周所需的时间，用大写字母 T 表示，单位为秒（s）。频率指正弦电量单位时间内重复变化的次数，用小写字母 f 表示，单位为赫兹（Hz），频率和周期互为倒数。由于正弦电量变化一周相当正弦函数变化 2π 弧度，可知：

$$\omega = \frac{2\pi}{T} \tag{2-1-2}$$

$$\omega = 2\pi f \tag{2-1-3}$$

　　式（2-1-2）和式（2-1-3）表明，周期、频率、角频率三者都反映的是正弦电量变化快慢这一物理实质。三个量中只要知道一个，其他两个物理量就可以求出。例如：我国工业和民用电的频率为 f=50Hz（称为工频），其周期 T=1/50=0.02s，角频率 $\omega = 2\pi f \approx 314\text{rad/s}$。

3. 相位、初相位、相位差

　　正弦电量在每一瞬间的状态是不同的，具体表现在每一瞬间的数值（包括正、负号）及变化趋势不同。而正弦电量在任意瞬间的变化状态是由该瞬间的电角度（ $\omega t + \psi$ ）决定的。

　　把正弦电量在任意瞬间的电角度称为相位。它反映了正弦电量随时间变化的进度，决定正弦电量在每一瞬间的状态。当 t=0 时，相位角为 ψ，称为初相位，简称初相。显然，初相位与所选的计时起点有关，在如图 2-1-8（a）所示波形中，正弦波从负到正的过零点 A 与坐标原点的距离就是初相位，在原点的左侧，初相位 ψ>0。由于正弦波周期性变化，最靠近坐标原点左右两侧各有一个过零点，为了避免混淆，一般规定 ψ 在 $-\pi \sim \pi$ 范围内。如图 2-1-9 所示。

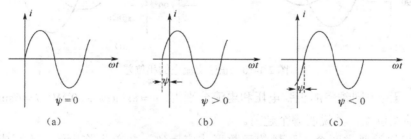

图 2-1-9　正弦量的初相

　　不同频率（周期）的交流电比较无意义。对于两个同频率的正弦电量而言，虽然都随时间按正弦规律变化，但是它们随时间变化的进度可能不同，为了描述同频率正弦量随时间变化进程的先后，引入了相位差的概念。相位差就是两个同频率的正弦量的相位之差，用字母 φ 表示。例如正弦电压 $u = U_{\text{m}}\sin(\omega t + \psi_{\text{u}})$，正弦电流 $i = I_{\text{m}}\sin(\omega t + \psi_{\text{i}})$，则电压与电流相位差为：

$$\varphi = (\omega t + \psi_{\text{u}}) - (\omega t + \psi_{\text{i}}) = \psi_{\text{u}} - \psi_{\text{i}} \tag{2-1-4}$$

　　可见，两个同频率正弦量的相位差等于它们的初相差，其值为常数，与计时选择起点无关。

　　如果 φ=0，如图 2-1-10（a）所示，称电压 u 与电流 i 同相。其特点是：两正弦量同时达到零点，同时达到正最大值。

　　如果 $\varphi=\pm\pi$，如图 2-1-10（b）所示，称电压 u 与电流 i 反相。其特点是：两正弦量瞬时值的实际方向总是相反。

　　如果 φ>0，如图 2-1-10（c）所示，称电压 u 超前电流 $i\varphi$ 角度。其特点是：电压 u 比电流

i 先达到正最大值。

如果 $\varphi<0$，如图 2-1-10（d）所示，称电压 u 滞后电流 i $|\varphi|$ 角度。其特点是：电压 u 比电流 i 后达到正最大值。

如果 $\varphi=\pm\pi/2$，如图 2-1-10（c）（d）所示，称电压 u 与电流 i 正交。其特点是：当一正弦量达到最大值时，另一正弦量正好是零。

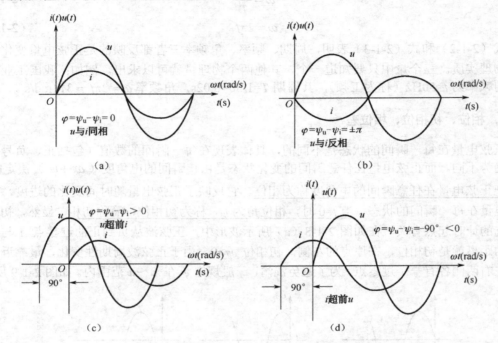

图 2-1-10　正弦交流电的相位差

【例 2-1-1】两个同频率的正弦电压和电流分别为：$u=8\sin(\omega t+60^{\circ})\text{V}$，$i=6\sin(\omega t+20^{\circ})\text{A}$，求它们之间的相位差，并说明哪个超前。

解：求相位差要求两个正弦量的函数形式应一致。故首先将电流 i 改写成用正弦形式表示：

$$i=6\sin(\omega t+20^{\circ}+90^{\circ})=6\sin(\omega t+110^{\circ})(\text{A})$$

因此，相位差为：$\phi=\psi_{\mathrm{u}}-\psi_{\mathrm{i}}=60^{\circ}-110^{\circ}=-50^{\circ}$

所以电流超前电压 50°。

4．瞬时值、最大值、有效值

正弦电量的瞬时值是随时间变化的量，正弦电量瞬时值中的最大值称为正弦量的<u>最大值或幅值</u>，它是正弦电量在整个变化过程中所能达到的极大值。正弦电量的振幅用带有下标 m 的大写字母表示，如用 I_{m}、U_{m}、E_{m} 分别表示正弦电流、正弦电压、正弦电动势的振幅。而在实际应用中，经常需要了解正弦电量在电路中所产生的效果，为了反映正弦电量的实际作用效果，我们通常使用"有效值"来表示正弦电量的大小。

<u>正弦电量的有效值是按电流的热效应来确定的</u>，它根据热效应相等原理，把正弦电量算

成直流电的数值，即正弦电量的有效值是热效应与它相等的直流电的数值。当正弦电流 i 和直流电流 I 分别流过阻值相等的电阻 R 时（如图 2-1-11 所示），若在相同的时间内，交流电流 i 通过电阻 R 所消耗的能量与直流 I 通过 R 所消耗的能量相等，则 I 称为 i 的有效值。正弦电量的有效值用大写字母表示。

(a) 正弦交流电路　　　(b) 直流电路

图 2-1-11　电流有效值等效电路

由图 2-1-11（a）可知：正弦电流在一个周期 T 内 R 上消耗的电能为：

$$W_{AC} = \int_0^T p\,dt = \int_0^T i^2 R\,dt$$

由图 2-1-11（b）可知：直流电流在一个周期 T 内 R 上消耗的电能为：

$$W_{DC} = I^2 RT$$

若 $W_{AC} = W_{DC}$，则 $I^2 RT = \int_0^T i^2 R\,dt$

解得正弦电流的有效值为：$I = \sqrt{\dfrac{1}{T}\int_0^T i^2\,dt}$　　　　　　（2-1-5）

可以看出正弦电流的有效值 I 是正弦电流 i 的平方在一个周期内的平均值再取平方根，因此正弦电量的有效值又称为均方根值。还应指出，式（2-1-5）不仅使用于正弦量，而且使用于任何波形的周期性电流和电压。

类似地，可以得到正弦电压的有效值为：$U = \sqrt{\dfrac{1}{T}\int_0^T u^2\,dt}$　　　　　（2-1-6）

若正弦电流 $i = I_m \sin(\omega t + \psi_i)$，则根据式（2-1-5）可得正弦电流的有效值和最大值之间的关系为：

$$I = \sqrt{\frac{1}{T}\int_0^T [I_m \sin(\omega t + \psi_i)]^2\,dt} = \frac{I_m}{\sqrt{2}} \approx 0.707 I_m \qquad (2\text{-}1\text{-}7)$$

同理可得正弦电压的有效值和最大值之间的关系为：$U = \dfrac{U_m}{\sqrt{2}} \approx 0.707 U_m$　（2-1-8）

在实际应用中，通常所说的交流电的电压或电流的数值均指的是有效值。交流电压表、电流表测量指示的电压、电流读数的数值均指的是有效值。一般只有在分析电气设备（如电路元件）的绝缘耐压能力时，才用到最大值。

引入有效值后，正弦电压和电流的表达式也可写成：

$$u = U_m \sin(\omega t + \psi_u) = \sqrt{2}U \sin(\omega t + \psi_u)$$

$$i = I_m \sin(\omega t + \psi_i) = \sqrt{2}I \sin(\omega t + \psi_i)$$

5．正弦量数学表达式注意事项

综上所述，如果知道了一个正弦量的振幅、角频率（频率）和初相位，就可以完全确定该正弦电量，即可以用数学表达式或波形图将它表示出来。

在写正弦量的数学表达式时有如下几个注意事项：

（1）振幅不能为负；

（2）必须为正弦函数；

（3）初相在±180°以内。

【例2-1-2】利用数学诱导公式把以下正弦量的数学表达式表示成标准正弦量数学表达式。

① $i = -5\sin(\omega t - 30°)\text{A}$　② $i = 5\cos(\omega t - 30°)\text{A}$　③ $i = 5\sin(\omega t - 240°)\text{A}$

解： ① $i = -5\sin(\omega t - 30°) = 5\sin(\omega t - 30° + 180°) = 5\sin(\omega t + 150°)(\text{A})$

② $i = 5\cos(\omega t - 30°) = 5\sin(\omega t - 30° + 90°) = 5\sin(\omega t + 60°)(\text{A})$

③ $i = 5\sin(\omega t - 240°) = 5\sin(\omega t - 240° + 360°) = 5\sin(\omega t + 120°)(\text{A})$

2.1.2 正弦量相量表示法

正弦电量可以用多种形式表示，但就其特征而言，必须能准确地描述正弦量的最大值、角频率和初相位这三个要素。正弦量用解析式表示特点是简单准确，用波形图表示的特点是直观明了。但对于同频率的正弦交流电路用解析式或波形图来分析计算，将是十分烦琐和困难的。工程计算中通常采用复数表示正弦量，把对正弦量的各种运算转化为复数的代数运算，从而大大简化；正弦交流电路的分析计算过程。这种方法称为相量法。

复数运算是相量法的数学基础，因此先复习一下复数的运算。

1．复数概念与运算

一个复数是由实部和虚部组成的。复数有多种表示形式，常见的有代数形式、指数形式、三角函数形式和极坐标形式。设 A 为一个复数，a、b 分别为实部和虚部，则：

$$A = a + jb \qquad \text{复数的代数形式（2-1-9）}$$
$$A = r\,e^{j\psi} \qquad \text{复数的指数形式（2-1-10）}$$
$$A = r(\cos\psi + j\sin\psi) \qquad \text{复数的三角形式（2-1-11）}$$
$$A = r \angle \psi \qquad \text{复数的极坐标形式（2-1-12）}$$

其中 $r = \sqrt{a^2 + b^2}$ 称为复数 A 的模，$\psi = \arctan(b/a)$ 称为幅角。

复数也可以用由实轴与虚轴组成的复平面上的有向线段来表示。用直角坐标系的横轴表示实轴，以 1 为单位；纵轴表示虚轴，以 $j = \sqrt{-1}$ 为单位，由于电路中用 i 表示电流了，所以用 j 代替 i 表示虚部单位。实轴和虚轴构成复坐标平面，简称复平面。于是任何一个复数就与复平面上的一个确定点相对应。例如，式（2-1-9）所示的复数与 $A(a, b)$ 点相对应，如图2-1-12所示。

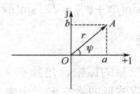

图2-1-12 复平面

设有两个复数：

$$A_1 = a_1 + jb_1 = r_1 e^{j\psi_1} = r_1 \angle \psi_1$$

$$A_2 = a_2 + jb_2 = r_2 e^{j\psi_2} = r_2 \angle \psi_2$$

复数的加减运算应用代数形式较为方便：$A_1 + A_2 = (a_1 + a_2) + j(b_1 + b_2)$；

复数的乘除运算应用指数或极坐标形式较为方便：

$$A_1 A_2 = r_1 r_2 e^{j(\psi_1 + \psi_2)} = r_1 r_2 \angle (\psi_1 + \psi_2)$$

$$\frac{A_1}{A_2} = \frac{r_1}{r_2} e^{j(\psi_1 - \psi_2)} = \frac{r_1}{r_2} \angle (\psi_1 - \psi_2)$$

【例 2-1-3】已知复数 $A = 3 + j4 = 5\angle 53.1°$，$B = 8 - j6 = 10\angle -36.9°$，求复数运算：$A+B$，$A-B$，$A \cdot B$，$\dfrac{A}{B}$。

解：$A + B = 3 + j4 + 8 - j6 = 11 - j2 = 11.18\angle -10.3°$；

$A - B = 3 + j4 - (8 - j6) = -5 + j10 = 11.18\angle 116.57°$；

$A \cdot B = 5\angle 53.1° \cdot 10\angle -36.9° = 50\angle 16.2°$；

$\dfrac{A}{B} = \dfrac{5\angle 53.1°}{10\angle -36.9°} = 0.5\angle 90° = j0.5$。

2. 相量、相量图

1）正弦量的相量表示

复数 $e^{j\theta} = 1\angle \theta$ 是一个模等于 1 而幅角等于 θ 的复数。任意复数 $A = r e^{j\psi}$ 乘以 $e^{j\theta}$ 等于：

$$r e^{j\psi} \cdot e^{j\theta} = r e^{j(\psi+\theta)} = r\angle (\psi + \theta)$$

复数的模仍为 r，幅角变为 $(\psi+\theta)$，即将复数 A 由原来的位置 ψ，逆时针旋转了 θ，旋至幅角 $(\psi+\theta)$，所以称 $e^{j\theta} = 1\angle \theta$ 为旋转因子。

例如：$+j = 1\angle 90°$，$-j = 1\angle -90°$，所以 $+j$ 可以看成是一个模为 1、幅角为 $+90°$ 的复数，$-j$ 可以看成是一个模为 1、幅角为 $-90°$ 的复数。因此，若复数 A 乘以 $+j$ 或 $-j$，则为：

$$jA = r\angle (\psi + 90°)$$

$$-jA = r\angle (\psi - 90°)$$

上式表明，任意一个复数乘以 j，其模值不变，幅角增加 $90°$，相当于在复平面上把复数矢量逆时针旋转 $90°$；任意一个复数乘以 $-j$，其模值不变，幅角减少 $90°$，相当于在复平面上把复数矢量顺时针旋转 $90°$，如图 2-1-13 所示。

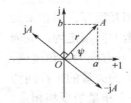

图 2-1-13　复数矢量旋转 $90°$

在线性交流电路中，可以证明，如果电源的频率为 f，则电路中各处电压与电流的响应频

率均为 f，即求解正弦交流电路各处的电压与电流响应的正弦量时，只需确定最大值（或有效值）和初相位，而频率采用电源的频率 f，这样就可以将函数式的复杂计算简化为复数计算。

设一正弦量 $i = I_m \sin(\omega t + \psi)$，在复平面上对应一矢量，如图 2-1-14 所示。矢量长度 OA 按比例等于振幅 I_m，即复数的模；矢量与横轴夹角等于初相 ψ，即复数的幅角。上述矢量在起始位置时，可用复数 $I_m e^{j\psi}$ 表示，再乘以旋转因子 $e^{j\omega t}$ 得复数：

$$I_m e^{j\omega t} \cdot e^{j\psi} = I_m e^{j(\omega t + \psi)} = I_m \cos(\omega t + \psi) + jI_m \sin(\omega t + \psi)$$

表示复平面上一个长度为 I_m，起始位置与横轴夹角等于初相 ψ，以角速度 ω 逆时针旋转的矢量。其复数的虚部为一个正弦函数，复数本身并不等于正弦函数。复数只是对应地表示一个正弦量。

在正弦交流电路中所有激励和响应都是同频率的正弦量，其共同的旋转因子 $e^{j\omega t}$ 可省略不计，只用起始位置矢量来表示正弦量。这就是正弦量的相量表示法。正弦量 $i = I_m \sin(\omega t + \psi)$ 的相量，可以写为：

$$\dot{I}_m = I_m e^{j\psi} = I_m \angle \psi \qquad (2\text{-}1\text{-}13)$$

式（2-1-13）中，相量 $\dot{I}_m$ 的模是正弦量的振幅，故称振幅相量，此处使用广泛的是有效值的相量，写成：

$$\dot{I} = I e^{j\psi} = I \angle \psi \qquad (2\text{-}1\text{-}14)$$

相量 $\dot{I}$ 的模是正弦量的有效值。本书所用相量表示的正弦量，如未加特殊说明，则为有效值相量。

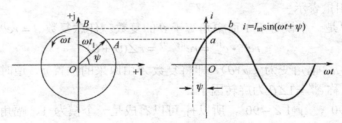

图 2-1-14　正弦量的复数表示法

注意事项：

① 相量只是表示正弦量，而不等于正弦量。

② 只有正弦量才能用相量表示，非正弦量不能用相量表示。

2）相量图和相量运算

只有同频率的正弦量之间的相位差等于初相之差，其相量才能画在同一复平面上，称为相量图。只有同频率的正弦量才能相互运算。用相量运算的方法称为相量法。其相角的参考方向规定为：取箭头逆时针方向为正角度值；箭头顺时针方向为负角度值。

相量的加减运算仍然满足数学上的矢量的平行四边形法则，应注意的是减可以看成加一个相量的反相相量。如图 2-1-15 所示。

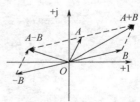

图 2-1-15　相量运算的平行四边形法则

【例 2-1-4】写出下列正弦量的相量形式：

$$i_1(t) = 5\sqrt{2}\sin(\omega t + 53.1°)(A)$$
$$i_2(t) = 10\sqrt{2}\sin(\omega t - 36.9°)(A)$$

解： $\dot{I}_1 = 5\angle 53.1°$
$\dot{I}_2 = 10\angle -36.9°$

【例 2-1-5】 写出下列正弦量的函数表达式：

$$\dot{U}_1 = -5 + j10(V) = 11.18\angle 116.57°(V)$$
$$\dot{U}_2 = 110 - j150(V) = 186\angle -53.75°(V)$$

解： $u_1 = 11.18\sqrt{2}\sin(\omega t + 116.57°)(V)$
$u_2 = 186\sqrt{2}\sin(\omega t - 53.75°)(V)$

2.1.3　单一参数的交流电路

1. 纯电阻元件的交流电路

1）电压与电流关系

在交流电路中，通过电阻元件的电流和它两端的电压在任何瞬间都遵守欧姆定律。如图 2-1-16（a）所示的只含有电阻元件 R 的电路中，电压、电流采用关联参考方向。

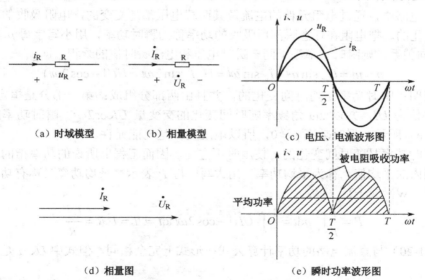

（a）时域模型　　（b）相量模型　　（c）电压、电流波形图

（d）相量图　　　　　　（e）瞬时功率波形图

图 2-1-16　交流电路中的电阻元件

设在电阻元件两端加上的正弦交流电压为：

$$u = U_m\sin\omega t = \sqrt{2}U\sin\omega t \quad （为分析电路方便性，假设初相为 0）$$

按照如图 2-1-16 所示电压与电流的参考方向，根据欧姆定律，电路的电流为：

$$i = \frac{u}{R} = \frac{U_m}{R}\sin\omega t = \sqrt{2}\frac{U}{R}\sin\omega t = I_m\sin\omega t$$

上式表明：流过电阻元件的电流和其两端的电压是同频率的正弦量。比较电压和电流的数学表达式，它们的关系如下：

（1）数值关系

电压和电流最大值关系为：$I_{\mathrm{m}} = \dfrac{U_{\mathrm{m}}}{R}$ 　　　　　　　　　　　　　　　（2-1-15）

两边同除以 $\sqrt{2}$ ，可得有效值关系为：$I = \dfrac{U}{R}$ 　　　　　　　　　　　（2-1-16）

即电压与电流的最大值和有效值均服从欧姆定律关系。

（2）相位关系

电压和电流同相位，即 $\psi_{\mathrm{u}} = \psi_{\mathrm{i}}$，相位差 $\varphi = 0$，电压与电流波形如图 2-1-16（c）所示。综上所述，可得电阻元件电压和电流的相量关系式：

$$\dot{I} = \frac{\dot{U}}{R} \tag{2-1-17}$$

$$\dot{I}_{\mathrm{m}} = \frac{\dot{U}_{\mathrm{m}}}{R} \tag{2-1-18}$$

式（2-1-17）和式（2-1-18）同时表示了电压和电流之间的数值与相位关系，称为欧姆定律的相量形式，相应的相量图如图 2-1-16（d）所示。根据式（2-1-18），如图 2-1-16（a）所示的时域模型可用如图 2-1-16（b）所示的相量模型来代替，即电压、电流用相量表示，而电阻不变。

2）功率

在交流电路中，通过电阻元件的电流及其两端电压都是交变的，电阻吸收的功率也必然是随时间变化的。把电阻在任意瞬间所吸收的功率称为瞬时功率，用小写字母 p 表示，设 u、i 为参考方向关系，则瞬时功率等于同一瞬时电压和电流瞬时值的乘积，即：

$$p = ui = U_{\mathrm{m}} \sin \omega t \cdot I_{\mathrm{m}} \sin \omega t = U_{\mathrm{m}} I_{\mathrm{m}} \sin 2\omega t = UI(1 - \cos 2\omega t) \tag{2-1-19}$$

上式表明：瞬时功率是随时间变化的，并且由两部分组成：第一部分是恒定值 UI，第二部分是幅值为 UI，并以 2ω 角频率随时间变化的交变量 $UI\cos 2\omega t$。瞬时功率的波形图如图 2-1-16（e）所示。瞬时功率 $p \geq 0$，所以电阻元件是耗能元件。

由于瞬时功率是随时间变化的，使用时不方便，因而工程上所说的功率指的是瞬时功率在一个周期内的平均值，称为平均功率，用大写字母 P 表示，平均功率又称有功功率，它的单位为瓦特（W）或千瓦（kW）。

$$P = \frac{1}{T} \int_0^T p \, \mathrm{d}t = \frac{1}{T} \int_0^T UI(1 - \cos 2\omega t) \, \mathrm{d}t = UI = I^2 R = \frac{U^2}{R} \tag{2-1-20}$$

式（2-1-20）与直流电路的功率计算公式在形式上完全相同，但式中 U、I 是电压、电流的有效值。

注意：通常电器铭牌数据或测量的功率均指有功功率。

【例 2-1-6】有一个阻值 $R = 2\mathrm{k}\Omega$ 的电阻丝，通过电阻丝的电流为 $i_{\mathrm{R}} = 2\sqrt{2} \sin(\omega t - 45^{\circ})$，求电阻丝两端的电压 u_{R}、U_{R} 及其消耗的功率 P_{R}。

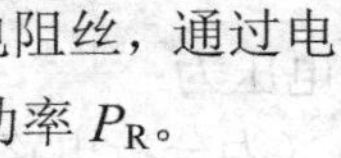

图 2-1-17　【例 2-1-6】图

解：
$$u_R = R \times i_R = 2000 \times 2\sqrt{2} \sin(\omega t - 45°)$$
$$= 4000\sqrt{2} \sin(\omega t - 45°)(\text{V})$$

电压有效值：$U_R = \dfrac{U_{Rm}}{\sqrt{2}} = \dfrac{4000\sqrt{2}}{\sqrt{2}} = 4000(\text{V})$；

电流有效值：$I_R = \dfrac{I_{Rm}}{\sqrt{2}} = \dfrac{2\sqrt{2}}{\sqrt{2}} = 2(\text{A})$；

有功功率：$P_R = U_R I_R = 4000 \times 2 = 8000(\text{W})$。

2. 纯电感元件的交流电路

1）电压与电流关系

如图 2-1-18（a）所示只含有电感元件的电路中，电压和电流采用关联方向。设通过电感元件的正弦交流电流为：

$$i = I_m \sin \omega t = \sqrt{2}I \sin \omega t \tag{2-1-21}$$

则电感元件的端电压为：

$$u = L\frac{di}{dt} = \omega L I_m \sin(\omega t + 90°) = U_m \sin(\omega t + 90°) \tag{2-1-22}$$

上式表明：电感元件中电流与其两端的电压都是同频率的正弦量。比较电压和电流的数学表达式，它们的关系如下。

（1）数值关系

电压和电流最大值关系为：

$$U_m = \omega L I_m \ \text{或} \ I_m = \frac{U_m}{\omega L} \tag{2-1-23}$$

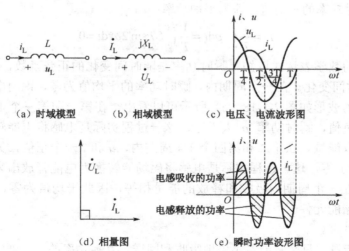

（a）时域模型　　（b）相域模型　　（c）电压、电流波形图

（d）相量图　　　　（e）瞬时功率波形图

图 2-1-18　交流电路中的电感元件

两边同除以 $\sqrt{2}$，可得电流与电压的有效值关系为：

$$I = \frac{U}{\omega L} = \frac{U}{X_L} \tag{2-1-24}$$

式（2-1-24）称为电感元件的欧姆定律，式中 $X_L = \omega L = 2\pi f L$，定义为感抗，其单位为欧姆（$\Omega$）。感抗是表示电感对电流阻碍作用大小的一个物理量，它与 L 和 ω 成正比。对于一定的电感 L，频率越高，它呈现的感抗越大，反之越小。

特别指出，对于电感元件而言，电压和电流的瞬时值之间并不具有欧姆定律的形式，即不存在正比关系，感抗也不能代表电压、电流瞬时值的比值。电感元件的欧姆定律只适用于电压和电流的最大值或有效值之比。

（2）相位关系

比较式（2-1-21）和式（2-1-22）可知，电感电压超前电流 $90°$，或者说电感电流滞后电压 $90°$，即 $\psi_u = \psi_i + 90°$。电压与电流波形图如图 2-1-18（c）所示。

综上所述，电感元件欧姆定律的相量形式为：

$$\dot{U} = \omega L \dot{I} \angle 90° = jX_L \dot{I} \tag{2-1-25}$$

即

$$\frac{\dot{U}}{\dot{I}} = jX_L \tag{2-1-26}$$

式中，jX_L 称为感抗的计算形式。

式（2-1-25）与式（2-1-26）表示了电感上电压和电流之间的数值与相位关系，相应的相量图如图 2-1-18（d）所示。如图 2-1-18（b）所示为电感元件的相量模型。

2）功率

（1）有功功率

在电压、电流取关联参考方向下，电感元件吸收的瞬时功率为：

$$p = ui = U_m \sin(\omega t + 90°) \cdot I_m \sin \omega t = U_m I_m \cos \omega t \sin \omega t = \frac{U_m I_m}{2} \sin 2\omega t = UI \sin 2\omega t \tag{2-1-27}$$

瞬时功率的波形图如图 2-1-18（e）所示。

电感元件瞬时功率的平均值，即为平均功率：

$$P = \frac{1}{T} \int_0^T p \, dt = \frac{1}{T} \int_0^T UI \sin 2\omega t \, dt = 0 \tag{2-1-28}$$

从瞬时功率的数学表达式可知，瞬时功率是随时间变化的正弦函数，其幅值为 $U \cdot I$，以 2ω 角频率随时间变化。在一个周期内，瞬时功率的平均值为零，说明电感元件不消耗能量。从瞬时功率的波形如图 2-1-18（e）所示可以看出，在第一和第三个 1/4 周期内，u 和 i 同为正值或同为负值，瞬时功率 p 大于零，这一过程实际是电感将电能转换为磁场能储存起来，从电源吸取能量。在第二和第四个 1/4 周期内，u 和 i 一个正值，另一个则为负值，故瞬时功率 p 小于零，这一过程实际是电感将磁场能转换为电能释放出来。电感不断地与电源交换能量，在一个周期内吸收和释放的能量相等，因此平均值为零，这说明电感不消耗能量，是一个储能元件。

（2）无功功率

电感不消耗能量，只是将能量不停地吸收和回送。互换功率的大小通常用瞬时功率的最大值来衡量。由于这部分功率没有消耗掉，所以称为无功功率，用 Q_L 表示：

$$Q_L = UI = X_L I^2 = \frac{U^2}{X_L}$$

为了和有功功率区别，电感元件的无功功率的单位用乏[尔]（var）表示。

注意：无功功率中"无功"的含义是"交换"而不是"消耗"，它是相对于"有功"而言的。绝不可把"无功"理解为"无用"。

【例 2-1-7】 把一个电阻可以忽略的线圈，接到 $u = 220\sqrt{2}\sin(100\pi t + 60°)$V 的电源上，线圈的电感为0.4H，试求：（1）线圈的感抗 X_L；（2）电流 i_L 及 I_L；（3）电路的无功功率。

解：（1）感抗为 $X_L = \omega L = 100\pi \times 0.4 = 125.6(\Omega)$

（2）电压的有效值为：$U = 220$V；

流过线圈的电流有效值为：$I_L = \dfrac{U}{X_L} = \dfrac{220}{125.6} = 1.75$(A)；

电压超前电流$90°$，则电流瞬时值为：$i_L = 1.75\sqrt{2}\sin(100\pi t - 30°)$(A)；

（3）无功功率为：$Q_L = UI_L = 220 \times 1.75 = 385$(var)。

3. 纯电容元件的交流电路

1）电压与电流关系

如图 2-1-19（a）所示只含有电容元件的电路中，电压和电流采用关联方向。设通过电容元件的正弦交流电压为：

$$u = U_m \sin\omega t = \sqrt{2}U\sin\omega t \tag{2-1-29}$$

则流过电容元件的电流为：

$$i = C\frac{du}{dt} = \omega C U_m \cos\omega t = \omega C U_m \sin(\omega t + 90°) = I_m \sin(\omega t + 90°) \tag{2-1-30}$$

比较电压和电流的数学表达式，它们的关系如下。

（1）数值关系

电压和电流最大值关系为：

$$I_m = \omega C U_m \tag{2-1-31}$$

两边同除以 $\sqrt{2}$，可得电流与电压的有效值关系为：

$$I = \omega C U = \frac{U}{X_C} \tag{2-1-32}$$

式（2-1-32）称为电容元件的欧姆定律，式中 $X_C = \dfrac{1}{\omega C} = \dfrac{1}{2\pi f C}$，定义为容抗，其单位为欧姆（$\Omega$）。容抗是表示电容对电流阻碍作用大小的一个物理量，它与 C 和 ω 成反比。对于一定的电感 C，频率越高，它呈现的容抗越小，反之越大。

特别指出，对于电容元件而言，电压和电流的瞬时值之间并不具有欧姆定律的形式，即不存在正比关系，容抗也不能代表电压、电流瞬时值的比值。电容元件的欧姆定律只适用于电压和电流的最大值或有效值之比。

（2）相位关系

比较式（2-1-29）和式（2-1-30）可知，电容电压滞后电流 $90°$，或者说电容电流超前电压 $90°$，即 $\psi_u = \psi_i - 90°$。电压与电流波形图如图 2-1-19（c）所示。

综上所述，电容元件欧姆定律的相量形式为：

$$\dot{U} = -\frac{\dot{I}}{\omega C}\angle -90^\circ = -jX_C\dot{I} \tag{2-1-33}$$

即

$$\frac{\dot{U}}{\dot{I}} = \frac{1}{j\omega C} = jX_C \tag{2-1-34}$$

式中，jX_C 称为容抗的计算形式。

式（2-1-33）与式（2-1-34）表示了电容上电压和电流之间的数值与相位关系，相应的相量图如图 2-1-19（d）所示。如图 2-1-19（b）所示为电感元件的相量模型。

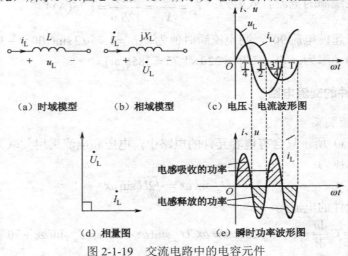

（a）时域模型　　（b）相域模型　　（c）电压、电流波形图

（d）相量图　　　　（e）瞬时功率波形图

图 2-1-19　交流电路中的电容元件

2）功率

（1）有功功率

在电压、电流取关联参考方向下，电容元件吸收的瞬时功率为：

$$p = ui = U_m\sin\omega t \cdot I_m\sin(\omega t + 90^\circ) = U_mI_m\cos\omega t\sin\omega t = \frac{U_mI_m}{2}\sin 2\omega t = UI\sin 2\omega t \tag{2-1-35}$$

瞬时功率的波形图如图 2-1-19（e）所示。

电容元件瞬时功率的平均值，即为平均功率：

$$P = \frac{1}{T}\int_0^T p\mathrm{d}t = \frac{1}{T}\int_0^T UI\sin 2\omega t\mathrm{d}t = 0 \tag{2-1-36}$$

从瞬时功率的数学表达式可知，瞬时功率是随时间变化的正弦函数，其幅值为 UI，以 2ω 角频率随时间变化。在一个周期内，瞬时功率的平均值为零，说明电容元件不消耗能量。从瞬时功率的波形如图 2-1-19（e）所示可以看出，在第一和第三个 1/4 周期内，u 和 i 同为正值或同为负值，瞬时功率 p 大于零，这一过程实际是电容将电能转换为电场能储存起来，从电源吸取能量。在第二和第四个 1/4 周期内，u 和 i 一个正值，另一个则为负值，故瞬时功率 p 小于零，这一过程实际是电容将电场能转换为电能释放出来。电容不断地与电源交换能量，在一个周期内吸收和释放的能量相等，因此平均值为零，这说明电容不消耗能量，是一个储能元件。

（2）无功功率

电容不消耗能量，只是将能量不停地吸收和回送。互换功率的大小通常用瞬时功率的最大值来衡量。由于这部分功率没有消耗掉，所以称为无功功率，用 Q_C 表示。如果流过电容和电感元件的瞬时电流一样，则电容与电感的瞬时功率在相位上是反相的，为了加以区别，将电容元件的无功功率定义为：

$$Q_C = -UI = -X_C I^2 = -\frac{U^2}{X_C}$$

为了和有功功率区别，电容元件的无功功率的单位也用乏[尔]（var）表示。

注意：对于无功功率公式中的正、负号，可理解为在正弦电路中，"+"表示电感元件"吸收"无功功率，"－"表示电容元件"发出"无功功率。当电路中既有电感元件又有电容元件时，它们的无功功率相互补偿，即正、负号仅表示相互补偿的意义。

【例 2-1-8】已知 220V、40W 的日光灯上并联的电容器为 4.75μF，求：（1）电容的容抗；（2）电容上电流的有效值；（3）电容的无功功率。

解：（1）容抗为 $\frac{1}{\omega C} = \frac{1}{2\pi f C} = \frac{1}{2\pi \times 50 \times 4.75 \times 10^{-6}} = 670(\Omega)$；

（2）电容上电流的有效值为：$I_C = \frac{U}{X_C} = \frac{220}{670} = 0.328(A)$；

（3）无功功率为：$Q_C = U_C I_C = 220 \times 0.328 = 72.25(var)$。

2.1.4　RLC 串联的交流电路

1．基尔霍夫定律的相量形式

根据 KCL，电路中任意节点在任何时刻有：$\sum i = 0$，在正弦交流电路中，由于流过节点的各支路电流都是同频率的正弦量，用对应的相量表示，则有：$\sum \dot{I} = 0$，此为基尔霍夫电流定律的相量形式。它表示流过任意一个节点的各支路电流相量的代数和为零。

同样道理，基尔霍夫电压定律的相量形式为：$\sum \dot{U} = 0$，即任意回路中的所有电压相量的代数和为零。

2．RLC 串联的交流电路

RLC 串联的电路如图 2-1-20（a）所示，由于是串联电路，流过各个元件的电流相同，以电流作为参考相量（所谓参考相量，是指该相量所代表的正弦量初相位为零，电路中所有正弦量的大小和初相位都以它为基准），所有设流过电路的正弦电流为：

$$i = I_m \sin \omega t = I \sin \omega t$$

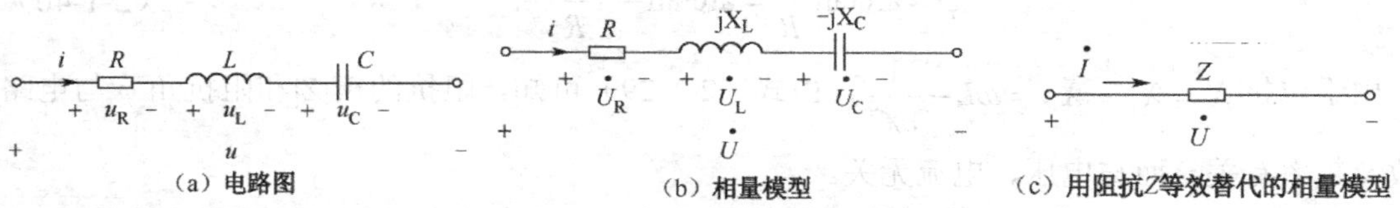

图 2-1-20　RLC 串联电路

根据电阻、电容、电感元件欧姆定律的相量形式可知：

$$\dot{U}_{R} = \dot{I}R , \quad \dot{U}_{L} = jX_{L}\dot{I} , \quad \dot{U}_{C} = -jX_{C}\dot{I}$$

根据基尔霍夫定律的相量形式，有 $\dot{U} = \dot{U}_{R} + \dot{U}_{L} + \dot{U}_{C}$，相量图如图 2-1-21 所示。

以上两式合并得：

$$\dot{U} = \dot{I}R + jX_{L}\dot{I} - jX_{C}\dot{I} = [R + j(X_{L} - X_{C})]\dot{I} = (R + jX)\dot{I} = Z\dot{I} \quad (2\text{-}1\text{-}37)$$

式中：$Z = R + j(X_{L} - X_{C}) = R + jX = |Z| \angle \phi$，称为阻抗，量纲为欧姆，阻抗一般是复数。

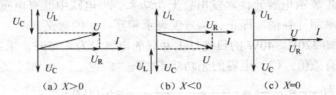

(a) $X>0$ (b) $X<0$ (c) $X=0$

图 2-1-21 RLC 串联电路的相量图

对于一个无源单口网络，其阻抗定义为端口电压相量与端口电流相量的比值，即：

$$Z = \frac{\dot{U}}{\dot{I}} \quad (2\text{-}1\text{-}38)$$

式（2-1-37）的形式与电阻电路的欧姆定律在形式上相似，只是电压和电流都用相量表示，称为欧姆定律的相量形式，对于如图 2-1-20（a）所示 RLC 串联电路可以用如图 2-1-20（b）所示的相量模型表示。式（2-1-30）既表示了电路中总电压和电流的有效值的关系，又表示了总电压和电流的相位关系。而根据式（2-1-29），相量模型可用阻抗 Z 来等效，如图 2-1-20（c）所示。

式（2-1-37）中，$X = X_{L} - X_{C}$ 称为电抗，$|Z|$ 称为阻抗的模，φ 称为阻抗角，由式（2-1-30）可知，它是电路中电压与电流之间的夹角，即电压与电流的相位差。

如果将式（2-1-37）中电阻 R、电抗 X 和阻抗的模 $|Z|$ 的数值关系画成阻抗三角形，如图 2-1-21 所示，从阻抗三角形可以看出阻抗角也是阻抗的模 $|Z|$ 和电阻 R 之间的夹角。

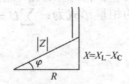

图 2-1-21 阻抗三角形

根据式（2-1-37）可得如下关系：

$$|Z| = \sqrt{R^{2} + X^{2}} \quad (2\text{-}1\text{-}39)$$

$$\varphi = \arctan \frac{X}{R} = \arctan \frac{X_{L} - X_{C}}{R} \quad (2\text{-}1\text{-}40)$$

由于电抗 $X = X_{L} - X_{C} = \omega L - \dfrac{1}{\omega C}$，由式（2-1-29）可知，阻抗的模 $|Z|$ 和阻抗角 φ 与电路参数及频率有关，而与电压、电流无关。

根据式（2-1-29）可知，当阻抗角 φ 取值不同时，交流电路有以下三种不同的性质：

◆ 当 $\varphi>0$ 时，电压超前电流，电路中电感的作用大于电容的作用，这种电路称为电感性电路，可以等效为电阻与电感串联的电路，此时电路除了消耗能量外，还与电源之间进行着电能和磁场能的交换。

◆ 当 $\varphi<0$ 时，电压滞后电流，电路中电容的作用大于电感的作用，这种电路称为电容性电路，可以等效为电阻与电容串联的电路，此时电路除了消耗能量外，还与电源之间进行着电能和电场能的交换。

◆ 当 $\varphi=0$ 时，电压与电流同相位，电路中电容的作用与电感的作用相互抵消，这种电路称为电阻性电路。

【例2-1-9】RLC 串联电路如图 2-1-22 所示，求：（1）电流的有效值 I 与瞬时值 i；（2）各部分电压的有效值与瞬时值；（3）作相量图。

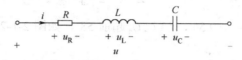

图 2-1-22 【例 2-1-9】图

解：选定电流、电压的参考方向为关联的参考方向。

（1）$X_L = \omega L = 314 \times 382 \times 10^{-3} = 120(\Omega)$，$X_C = \dfrac{1}{\omega C} = \dfrac{1}{314 \times 40 \times 10^{-6}} = 80(\Omega)$，

$Z = R + j(X_L - X_C) = 30 + j(120 - 80) = 30 + j40 = 50\angle 53.1°$，$\dot{U} = 100\angle 30°(V)$，

$\therefore \dot{I} = \dfrac{\dot{U}}{Z} = \dfrac{100\angle 30°}{50\angle 53.1°} = 2\angle -23.1°(A)$，$i = 2\sqrt{2}\sin(314t - 23.1°)(A)$；

（2）$\dot{U}_R = Z_R \cdot \dot{I} = 30 \times 2 \times \angle -23.1° = 60\angle -23.1°(V)$，$u_R = 60\sqrt{2}\sin(314t - 23.1°)(V)$，

$\dot{U}_L = Z_L \cdot \dot{I} = 120 \times 2\angle(90° - 23.1°) = 240\angle 66.9°(V)$，$u_L = 240\sqrt{2}\sin(314t + 66.9°)(V)$，

$\dot{U}_C = Z_C \cdot \dot{I} = 80 \times 2\angle(-90° - 23.1°) = 160\angle -113.1°(V)$，$u_C = 160\sqrt{2}\sin(314t - 113.1°)(V)$；

（3）相量图如图 2-1-23 所示。

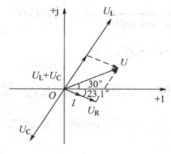

图 2-1-23 相量图

【例2-1-10】RC 串联电路如图 2-1-24 所示，已知输入电压 U_1=1V，f=500Hz；求：

（1）求输出电压 U_2，并讨论输入和输出电压之间的大小和相位关系；

（2）当将电容 C 改为 20μF 时，求（1）中各项；

（3）当将频率改为 4000Hz 时，再求（1）中各项。

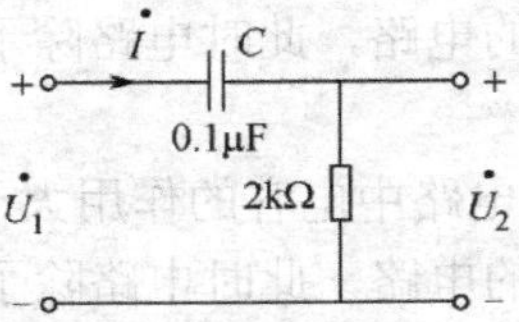

$$\dot{I} \quad C \quad 0.1\mu F$$

$$\dot{U}_1 \quad 2k\Omega \quad \dot{U}_2$$

图 2-1-24 【例 2-1-10】图

解：（1）$X_C = \dfrac{1}{\omega C} = \dfrac{1}{2 \times 3.14 \times 500 \times 0.1 \times 10^{-6}} = 3.2(k\Omega)$，$Z = 2 - j3.2(k\Omega)$

设 $\dot{U}_1 = 1\angle 0° \text{V}$，则 $\dot{I} = \dfrac{\dot{U}_1}{Z}$，$U_2 = \dot{I}R = \dfrac{\dot{U}_1}{Z}R = \dfrac{2}{2 - j3.2} \times 1\angle 0° = \dfrac{2}{3.77\angle -58°} = 0.54\angle 58°$

大小和相位关系为：$\dfrac{U_2}{U_1} = 0.54$，$\dot{U}_2$ 比 $\dot{U}_1$ 超前 58°，如图 2-1-24（a）所示；

（2）$X_C = \dfrac{1}{\omega C} = \dfrac{1}{2 \times 3.14 \times 500 \times 20 \times 10^{-6}}\Omega = 16(\Omega) << R$，$Z = 2000 - j16 \approx 2000\angle 0°(\Omega)$，

$U_2 = \dot{I}R = \dfrac{\dot{U}_1}{Z}R = \dfrac{1\angle 0°}{2000\angle 0°} \times 2000 = 1\angle 0°$

大小和相位关系为：$\dfrac{U_2}{U_1} \approx 1$，$\dot{U}_2$ 与 $\dot{U}_1$ 同向，如图 2-1-25（b）所示；

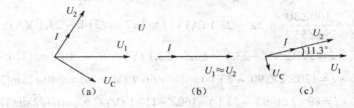

(a)　　　　　(b)　　　　　(c)

图 2-1-25　RC 串联电路相位图

（3）$X_C = \dfrac{1}{\omega C} = \dfrac{1}{2 \times 3.14 \times 4000 \times 0.1 \times 10^{-6}}(\Omega) = 400(\Omega)$，$Z = 2 - j0.4(k\Omega)$，

$U_2 = \dot{I}R = \dfrac{\dot{U}_1}{Z}R = \dfrac{1\angle 0°}{2 - j0.4} \times 2 = 0.98\angle 11.3° \text{V}$，

大小和相位关系为：$\dfrac{U_2}{U_1} = 0.98$，$\dot{U}_2$ 比 $\dot{U}_1$ 超前 11.3°，如图 2-1-25（c）所示。

由该题可知：RC 串联电路也是一种移相电路，改变 C、R 或 f 都可达到移相的目的。

2.1.5　电路中的谐振

1. 谐振现象

在含有 L 和 C 的单口网络中，在正弦激励下，当出现端口电压与电流同相时，称电路发生了谐振，即端口处的等效阻抗角：$\varphi = 0$。

谐振现象是正弦交流电路的一种特定工作状态，它在电子和通信工程中得到了广泛的应用，但在另一方面，发生谐振时有可能破坏系统的正常工作，因此需要对谐振现象进行分析，通常采用的谐振电路是由电阻、电感和电容组成的串联谐振电路和并联谐振电路，我们这里只简单分析一下串联谐振现象。

如图 2-1-20（b）所示电路，从端口输入的阻抗为：

$$Z = \frac{\dot{U}}{\dot{I}} = R + j(\omega L - \frac{1}{\omega C})$$

当阻抗中的虚部 $\omega L - \frac{1}{\omega C} = 0$ 时，电路就发生了谐振，此时：

$$\omega = \omega_0 = \frac{1}{\sqrt{LC}}$$

式中的 ω_0 为该电路的谐振角频率。此时端口电压 $\dot{U}$ 和端口电流 $\dot{I}$ 同相。根据角频率和频率的关系，可得此时的频率为：

$$f_0 = \frac{1}{2\pi\sqrt{LC}}$$

以上两式是分别用谐振角频率 ω_0 和谐振频率 f_0 表示的 RLC 串联电路的谐振条件。对于任意选定的 *RLC* 串联电路，总有一个对应的谐振频率 f_0，它反映了电路的一种固有性质。因此，又称为电路的固有频率，是由电路自身参数确定的。改变 ω、L 或 C 可使电路发生谐振或消除谐振。

2. 串联谐振特点

电路在发生串联谐振时有如下特点：

■ 发生串联谐振时，电路中的 $X_L = X_C$，所以 $\dot{U}_L = jX_L\dot{I}$，$\dot{U}_C = -jX_C\dot{I}$，其相量图如图 2-1-26 所示，$\dot{U}_L$ 和 $\dot{U}_C$ 两个相量相反，有效值相等。

■ 在 RLC 串联电路中：$Z = R + j(\omega L - \frac{1}{\omega C}) = R + j(X_L - X_C)$，$|Z| = \sqrt{R^2 + (X_L - X_C)^2}$，当发生谐振时，根据谐振的条件可以得到：$Z = R$，$|Z| = R$，此时电路的阻抗为电阻性质，且为最小值。

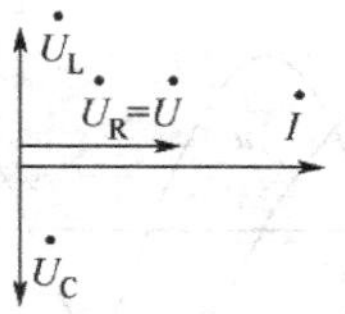

图 2-1-26　串联谐振相量图

■ 谐振时电路中的电流为：$I = \frac{U}{|Z|} = \frac{U}{R}$。若激励为电压源，此时电流的有效值达到最大值，而且此电流的最大值完全取决于电阻值，与电感和电容值无关，$U = I|Z| = IR$；若激励为电流源，则谐振时电压有效值为最小。

■ 谐振时电路中的电场能量与磁场能量之和 W 是不随时间变化的常量，说明谐振时电路不从外部吸收无功功率，能量交换在电路内部的电场与磁场间进行。

■ 电感、电容元件两端的电压可能大于电源电压（当 $X_L = X_C > R$），若 $X_L = X_C \gg R$ 时，$U_{L0} = U_{C0} \gg U$，这种现象在电子电路中有时可以利用，但在电力系统中应避免。

【例 2-1-11】某收音机的输入回路（谐振回路）可简化为一个 R、L、C 组成的串联电路，已知电感 $L=250\mu H$，电阻 $R=20\Omega$，欲接收频率为 $525\sim1610kHz$ 的中波段信号，试求电容的变化范围。

解：由谐振的条件可得：

$$C = \frac{1}{(2\pi f)^2 L}$$

当 $f_1 = 525kHz$ 时，电路发生谐振，则：

$$C_1 = \frac{1}{(2\pi f_1)^2 L} = \frac{1}{(2 \times 3.14 \times 525 \times 10^3)^2 \times 250 \times 10^{-6}} = 368(pF)$$

当 $f_2 = 1610kHz$ 时，电路发生谐振，则：

$$C_1 = \frac{1}{(2\pi f_1)^2 L} = \frac{1}{(2 \times 3.14 \times 1610 \times 10^3)^2 \times 250 \times 10^{-6}} = 39.1(pF)$$

所以电容 C 的变化范围为 $39.1\sim368pF$。

练习与思考6

一、填空题

1．已知正弦交流电路中某负载上的电压电流的波形如图 2-1-27 所示，若角频率为 314rad/s，则它们的瞬时值表达，u=＿＿＿＿＿＿＿＿＿＿，i=＿＿＿＿＿＿＿＿＿＿，有效值相量分别为 $\dot{U}=$＿＿＿＿＿＿，$\dot{I}=$＿＿＿＿＿＿，在相位上电压＿＿＿＿电流＿＿＿＿度，为电＿＿＿＿性负载，负载上消耗的有功功率为＿＿＿＿＿＿。

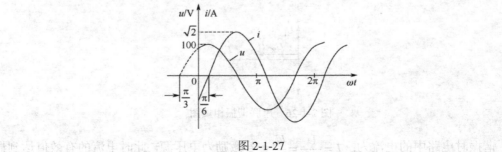

图 2-1-27

2．正弦量的三要素为幅值、角频率和＿＿＿＿＿＿。

3．某正弦电压 u 的有效值为 200V，频率为 50Hz，初相为 30°，则其瞬时值表达式为＿＿＿＿＿＿＿＿＿＿＿＿＿＿。

4．一个角频率为314rad/s的正弦电压的最大值相量为$5\angle 45^\circ$V，其瞬时电压的解析式为$u(t)=$_____；若有效值相量为$5\angle 45^\circ$V，则其瞬时电压的解析式为$u(t)=$_____。

5．正弦稳态电路中，某无源二端网络的阻抗为$Z=3+j4\Omega$，则该二端网络呈_____性。

6．正弦稳态电路中_____上的电流超前电压90°。

7．电感元件能存储_____能，电容元件能储存_____能。

8．正弦稳态电路中，电流超前电压90°的元件是_____。

二、选择题（选择正确的答案填入括号内）

1．如图2-1-28所示正弦稳态电路中，电压u_1的有效值为10V，u_2的有效值为15V，u_3的有效值为5V，则u的有效值为（　　　）。

　　A．$10\sqrt{2}$V　　　　B．$10\sqrt{5}$V　　　　C．20V　　　　D．30V

2．如图2-1-29所示在RLC并联电路中，已知各支路的电流大小如图2-1-29所示，则总电流表A的读数为（　　　）A。

　　A．4　　　　　　B．$4\sqrt{2}$　　　　C．8　　　　　D．16

3．如图2-1-30所示的电路中，若$R=3\Omega$，$X_L=4\Omega$，$i=\sqrt{2}\sin(314t-30^\circ)$A，则电压$U$等于（　　　）。

　　A．3V　　　　　B．4V　　　　　C．5V　　　　　D．6V

4．一个复数的极坐标是$10\angle -60^\circ$，则它的代数式是（　　　）。

　　A．$5\sqrt{3}+j5$　　B．$5+j5\sqrt{3}$　　C．$5\sqrt{3}-j5$　　D．$5-j5\sqrt{3}$

5．如图2-1-31所示电路中，$u_1=400\sin\omega t$V，$u_2=-300\sin\omega t$V，则u为（　　　）。

　　A．$700\sin\omega t$V　　B．$500\sin\omega t$V　　C．$100\sin\omega t$V

图2-1-28	图2-1-29	图2-1-30	图2-1-31

三、问答题

1．什么是正弦量的三要素？

2．正弦量的周期、频率、角频率三者之间有什么关系？

3．什么是正弦量的有效值，它和最大值有什么关系？

4．将8A的直流电流和最大值为10A的交流电流分别通过阻值相等的电阻，在相同的时间内哪个电阻产生的热量多？

5．常用的复数表达形式有哪些？

6．什么叫做正弦量的相量，它有几种表达形式？

7．正弦量等于相量，这种说法正确吗？

8．将一个100Ω的电阻元件分别接到频率为50Hz和频率为5000Hz、电压有效值为10V

的正弦电源上，问哪个电流大？

9．什么是感抗和容抗？它们由哪些因素决定？

四、分析计算题

1．若线圈（含 R、L）与 3V 的直流电压接通时，电流为 0.1A；与正弦电压 $u(t) = 3\sqrt{2}\sin(200t)$V 接通时，电流为 60mA，则线圈的 R 和 L 分别为多少？

2．若电压和电流的瞬时值解析式为 $u = 317\sin(\omega t - 160°)$V，$i_1 = 10\sin(\omega t - 45°)$A，$i_2 = 4\sin(\omega t + 70°)$A。在保持相位差不变的条件下，将电压的初相角改为零度，重新写出它们的瞬时值解析式。

3．一个正弦电流的初相位 $\psi = 15°$，$t = \dfrac{T}{4}$ 时，$i(t) = 0.5$A，试求该电流的有效值 I。

4．已知 $u_1 = 220\sqrt{2}\sin(\omega t + 60°)$V，$u_2 = 220\sqrt{2}\sin(\omega t + 30°)$V，试作 u_1 和 u_2 的相量图，并求 $u_1 + u_2$、$u_1 - u_2$。

5．已知两个正弦电流 $i_1 = 4\sin(\omega t + 30°)$A，$i_2 = 5\sin(\omega t - 60°)$A。试求 $i = i_1 + i_2$。

6．在关联参考方向下，已知电感元件两端的电压为 $u_L = 100\sin(100t + 30°)$V，通过的电流为 $i_L = 10\sin(100t + \varphi_i)$A，试求电感的参数 L 及电流的初相 φ_i。

7．一个 $C = 50\mu$F 的电容接于 $u = 220\sin(314t + 60°)$V 的电源上，求 i_C 并画出电流和电压的相量图。

任务 2-2　日光灯电路的安装与维护

1．任务目标

（1）掌握交流电路功率计算方法。
（2）掌握提高交流电路功率因数方法。
（3）会用功率表测量交流电路的功率及功率因数。

2．元件清单

（1）220V 交流电源；
（2）交流功率表（带功率因数测量功能）1 块；
（3）日光灯灯管 40W1 个；
（4）日光灯灯座 1 组；
（5）启辉器 1 个；
（6）镇流器 1 个；
（7）耐压 400V，2.7μF、3.0μF、3.3μF 电容各 1 个。

3．实践操作

（1）按如图 2-2-1 所示电路图连接实验电路。注意接线工艺要求：横线要水平，竖线要垂直，拐弯要直角，不能有斜线；接线时，要尽量避免交叉线，如果一个方向有多条导线，要并在一起走。

（2）接线完成后 KA_1、KA_2 必须为断开状态，待实验老师检查无误后才能通电实验。

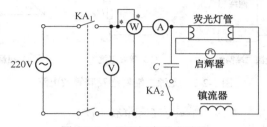

图 2-2-1　日光灯实验电路图

（3）实验老师检查电路连接无误后，学生需先闭合 KA_1，等待实验老师用启辉器点亮日光灯。调节功率表记录此时的电压、电流及功率因数。

（4）第一次使 $C=2.7\mu F$，闭合 KA_2，调节功率表记录此时的电压、电流及功率因数。

（5）第二次使 $C=3.0\mu F$，闭合 KA_2，调节功率表记录此时的电压、电流及功率因数。

（6）第三次使 $C=3.3\mu F$，闭合 KA_2，调节功率表记录此时的电压、电流及功率因数。

将以上实验数据填入表 2-2-1 中。

表 2-2-1　日光灯实验数据记录表

被测量	电压（V）	电流（A）	功率（W）	功率因数
KA_1 闭合、KA_2 断开				
KA_1、KA_2 都闭合，$C=2.7\mu F$				
KA_1、KA_2 都闭合，$C=3.0\mu F$				
KA_1、KA_2 都闭合，$C=3.3\mu F$				
结论	在感性负载两端并联合适电容可提高电路功率因数			

 知识链接

2.2　正弦交流电路功率

2.2.1　正弦交流电路功率概述

在正弦交流电路中，负载往往是一个无源二端网络，而任何一个无源二端网络都可以用一个电阻和电抗串联的阻抗等效替代，下面讨论无源二端网络的功率问题。

如图 2-2-2（a）所示的无源二端网络，用图 2-2-2（b）所示的阻抗等效替代，电压、电流方向为图中所标的关联参考方向。阻抗 $Z=R+jX$，设电路的电压、电流分别为：

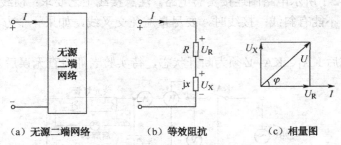

（a）无源二端网络　　　（b）等效阻抗　　　（c）相量图

图 2-2-2　无源二端网络及其等效电路

$$u = \sqrt{2}U \sin(\omega t + \varphi_u)$$
$$i = \sqrt{2}I \sin(\omega t + \varphi_i)$$

则无源二端网络的瞬时功率为：

$$p = ui = \sqrt{2}U \sin(\omega t + \varphi_u)\sqrt{2}I \sin(\omega t + \varphi_i) = UI[\cos(\varphi_u - \varphi_i) - \cos(2\omega t + \varphi_i - \varphi_u)]$$
$$= UI[\cos\varphi - \cos(2\omega t - \varphi)] \tag{2-2-1}$$

通过式（2-2-1）可以看出，交流电路的瞬时功率分为两部分：一部分为 $UI\cos\varphi$，是与时间无关的恒定分量；另一部分为 $-UI\cos(2\omega t - \varphi)$，是随时间按 2ω 变化的余弦函数。瞬时功率有时为正，有时为负。当 $p>0$ 时，网络吸收功率；当 $p<0$ 时，网络发出功率。瞬时功率时正时负的现象说明电源与负载之间存在能量的往复交换，其原因是电路中存在储能元件。

1. 有功功率

交流电路的有功功率又称平均功率，定义为瞬时功率在一个周期内的平均值，即

$$p = \frac{1}{T}\int_0^T p\,\mathrm{d}t = \frac{1}{T}\int_0^T UI[\cos\varphi - \cos(2\omega t - \varphi)]\mathrm{d}t = UI\cos\varphi = UI\lambda \tag{2-2-2}$$

式中，$\lambda=\cos\varphi$，称为电路的功率因数，φ 称为电路的功率因数角（等于阻抗角）。对于负载，功率因数不能为负。因为当电路为电阻性电路时，$\varphi=0$，$\cos\varphi=1$，有功功率最大；当电路为感性和容性电路时，考虑到极端情况，$\varphi=\pm90°$，$\cos\varphi=0$，有功功率为零。

式（2-2-2）表明，有功功率不仅与电压、电流的有效值有关，还与它们之间的夹角有关，当 $\cos\varphi$ 降低时，有功功率减少；当 $\cos\varphi$ 升高时，有功功率增加。

除了式（2-2-2）外，有功功率还可以用其他方法计算。

◆ $P = I^2|Z|\cos\varphi$

因为 $|Z|\cos\varphi=R$ 为阻抗 Z 的实部（电阻分量），代入上式得：$P=I^2R$，即电路的有功功率等于电路总电流有效值的平方与阻抗实部的乘积。

◆ 对于一个负载，储能元件的有功功率为零，所以所有的有功功率都消耗在耗能元件（电阻）上，根据能量守恒定理，电路总有功功率是各电阻有功功率之和，即 $P = \sum_{k=1}^{n} P_{Rk}$

2．无功功率

由于交流电路中存在储能元件，而储能元件与电源之间存在能量交换，为了表示这种交换规模，我们定义储能元件与电源之间能量交换的最大值为无功功率，用 Q 表示，即

$$Q = UI\sin\varphi \qquad\qquad (2\text{-}2\text{-}3)$$

式中，φ 称为电路的功率因数角，也即电压与电流之间的夹角（等于阻抗角）。无功功率的单位为乏（var）。

无功功率可正可负。当 $\sin\varphi>0$ 时，无功功率为正，此时的无功功率称为感性无功功率，表明电路呈电感性；当 $\sin\varphi<0$ 时，无功功率为负，此时的无功功率称为容性无功功率，表明电路呈电容性；当 $\sin\varphi=0$ 时，无功功率为零，表明电路呈电阻性。

除了式（2-2-3）外，无功功率还可以用其他方法计算。

◆ $P = I^2 |Z|\sin\varphi$

因为 $|Z|\sin\varphi=X$ 为阻抗 Z 的虚部（电抗分量），代入上式得：$P=I^2X=I^2$（X_L-X_C），即电路的无功功率等于电路总电流有效值的平方与阻抗虚部的乘积。

◆ 对于一个负载，耗能元件的无功功率为零，所以所有的无功功率都降落在储能元件（电感和电容）上，根据能量守恒定理，电路总无功功率是各储能元件无功功率之和，即 $Q = \sum\limits_{k=1}^{n} Q_k$，式中，当储能元件为电感时，$Q_k$ 为正值；当储能元件为电容时，Q_k 为负值。

3．视在功率

由于交流电路中一般电压和电流存在相位差，因此正弦电路的平均功率不等于电压和电流的有效值的乘积 UI。而 UI 具有功率的形式，当它既不是有功功率，也不是无功功率时，我们把它称为视在功率，用大写字母 S 表示，为了与有功功率和无功功率区别，视在功率的单位为伏安（VA）。由式（2-2-2）和式（2-2-3）不难得到：

$$S = UI = \sqrt{P^2 + Q^2} \qquad\qquad (2\text{-}2\text{-}4)$$

由式（2-2-4）可以看出，有功功率、无功功率、视在功率之间的关系可以用一个直角三角形表示，此直角三角形称为功率三角形，如图 2-2-3 所示。

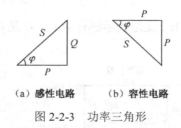

(a) 感性电路　　(b) 容性电路

图 2-2-3　功率三角形

【例 2-2-1】如图 2-2-4 所示电路中，$R=15\Omega$，$X_L=20\Omega$，电压 $U=100\angle0° V$，求 P、Q、S。

解：R 与 L 串联支路的阻抗为：

$$Z = R + jX_L = 15 + j20 = 25\angle53.1°$$

由欧姆定律的相量形式得：

$$\dot{I} = \frac{\dot{U}}{Z} = \frac{100\angle 0°}{25\angle 53.1°} = 4\angle -53.1°(A)$$

因电压与电流的夹角为 $\varphi = 53.1°$，所以

$$P = UI\cos\varphi = 100 \times 4 \times 0.6 = 240(W)$$
$$Q = UI\sin\varphi = 100 \times 4 \times 0.8 = 320(Var)$$
$$S = \sqrt{P^2 + Q^2} = 400(VA)$$

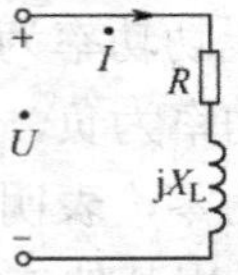

图 2-2-4　【例 2-2-1】图

2.2.2　正弦交流电路功率因数提高

1. 提高功率因数的意义

直流电路的功率等于电流与电压的乘积，但对于交流电路计算有功功率则不然。根据式（2-2-2）可知，在计算交流电路的有功功率时，还要考虑到电路的功率因数 $\cos\varphi$，它取决于电路（负载）的参数。只有纯电阻性负载，功率因数才为 1，但工业上的负载大多是感性负载，如大量使用的三相异步电动机就是感性负载，在满载时，功率因数在 0.8～0.9 之间，再如日光灯，由于串联了镇流器，其功率因数在 0.4 左右。因此，整个电路的功率因数总是小于 1。功率因数低，电源设备不能充分利用，输电线路的损耗和压降增加。

在社会生产过程中，功率因数低的原因主要是因为感性负载的存在，它要与发电设备进行能量的往返交换。所以提高功率因数就必须采取措施，减少负载与发电设备之间能量的交换，但同时又要保证不影响感性负载的正常工作。

2. 提高功率因数的方法

如图 2-2-5（a）所示，图中 RL 支路表示感性负载，C 是补偿电容，相量图如图 2-2-5（b）所示。

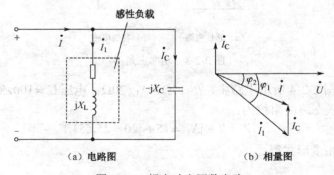

（a）电路图　　　　　（b）相量图

图 2-2-5　提高功率因数电路

■ 并联电容前，感性负载两端的电压为 $\dot{U}$，流经感性负载的电流为：

$$\dot{I} = \frac{\dot{U}}{Z_1} = \frac{\dot{U}}{R + jX_1} = \frac{\dot{U}}{|Z|}\angle -\varphi_1$$

即为线路的电流；感性负载的功率因数为 $\cos\varphi_1$，即为电路的功率因数。

■ 并联电容后，流经感性负载的电流和感性负载的功率因数均未变化，但电容支路有电流：

$$\dot{I}_C = -\frac{\dot{U}}{jX_C} = \frac{\dot{U}}{X_C} = \frac{\dot{U}}{X_C}\angle 90°$$

此时，线路的总电流为：$\dot{I} = \dot{I}_1 + \dot{I}_C$，如图 2-2-5（b）所示相量图表明，并联电容后，电压和总电流的相位差减小了（$\varphi_2 < \varphi_1$），即功率因数提高了（$\cos\varphi_2 < \cos\varphi_1$）。这里我们所讲的提高功率因数，是指提高电源或整个电路的功率因数，而不是指提高感性负载的功率因数。并联电容后，线路上的电流 I 减小了，因而减小了线路的损耗和压降。

如果选择的电容合适，还可以使 $\varphi_2 = 0$。当然，如果电容选择过大，线路的电流会超前于电压，φ_2 反而比 φ_1 大，出现过补偿。因此，必须选择合适的电容。未并联电容时，电路的无功功率为：

$$Q = UI_1\cos\varphi_1 = \frac{UI_1\cos\varphi_1\sin\varphi_1}{\sin\varphi_1} = P\tan\varphi_1$$

并联电容后，电路的无功功率为：

$$Q' = UI\cos\varphi_2 = P\tan\varphi_2$$

电容补偿的无功功率为：

$$Q_C = Q - Q' = P(\tan\varphi_1 - \tan\varphi_2)$$

而电容的无功功率大小又为：

$$Q_C = \frac{U^2}{X_C} = \omega C U^2$$

因此可得补偿电容为：

$$C = \frac{Q_C}{\omega U^2} = \frac{P}{2\pi f U^2}(\tan\varphi_1 - \tan\varphi_2)$$

这就是所需并联的电容器的容量，式中：P 是感性负载的有功功率；U 是感性负载的端电压；φ_1 和 φ_2 分别是并联电容前和并联电容后的功率因数角。

注意事项：

◆ 并联电容器后，负载的工作仍然保持原状态，其自身的功率因数并没有提高，只是整个电路的功率因数得到提高；

◆ 并联电容器后，电路总电流减小，这是由于功率因数的提高，减小了线路中的无功电流；

◆ 功率因数的提高不要求达到 1，因为此时电路将处于并联谐振状态，会给电路带来其他不利的影响。

【例 2-2-2】 日光灯等效电路如图 2-2-5（a）所示，灯管可等效为电阻元件 R，镇流器等效为电感 L。已知电源电压 U=220V，频率 f=50Hz，测得日光灯灯管两端的电压 U_R=110V，功率 P=40W。求：

（1）日光灯电路的电流和功率因数；

（2）若要将功率因数提高到 $\cos\varphi_2=0.9$，需要并联的电容器的容量是多少？

（3）并联电容前后电源提高的电流各是多少？

解：（1）通过日光灯灯管的电流为：

$$I_1 = \frac{P}{U_R} = \frac{40}{110} = 0.36\text{A}$$

日光灯电路的功率因数为：

$$\cos\varphi_1 = \frac{P}{UI} = \frac{40}{220 \times 0.36} = 0.5$$

（2）$\cos\varphi_1 = 0.5$，$\varphi_1 = \arccos 0.5 = 60°$

$\cos\varphi_2 = 0.9$，$\varphi_2 = \arccos 0.9 = 25.84°$

要将功率因数提高到 $\cos\varphi_2 = 0.9$，需要并联的电容器的容量为：

$$C = \frac{Q_C}{\omega U^2} = \frac{P}{2\pi f U^2}(\tan\varphi_1 - \tan\varphi_2)$$

$$= \frac{40}{2 \times 3.14 \times 50 \times 220^2}(\tan 60° - \tan 25.84°) = 3.28(\mu\text{F})$$

（3）未并联电容前，流过日光灯灯管的电流就是电源提供的电流：

$I_1 = 0.36\text{A}$，并联电容后，电源提供的电流将减小为：

$$I_2 = \frac{P}{U\cos\varphi_2} = \frac{40}{220 \times 0.9} = 0.202(\text{A})$$

练习与思考7

一、填空题

1．无功功率反映了元件和电源之间_____。

2．在正弦交流电路中，P 称为_____功率，它是_____元件消耗的功率。

3．负载的功率因数是供电系统中一个相当重要的参数，它的数值取决于_____的性质。如果 $\cos\varphi=1$，说明电源提供的功率_____转换为做功的有功功率 P。

4．负载的功率因数低，给整个电路带来的不利因素表现为一是电源设备_____；二是输电线路上的_____。

5．荧光灯消耗的功率 $P=UI\cos\varphi$，并联一个适当的电容器后，使整个电路的功率因数_____，而荧光灯所消耗的功率则是_____。

6．一台变压器的容量 $S=10\text{KV}\cdot\text{A}$，当功率因数 $\cos\varphi=0.8$ 时，输出有功功率 $P=$_____；若使功率因数 $\cos\varphi=0.9$ 时，则输出的有功功率 $P=$_____。

二、问答题

1．提高功率因数有什么意义？

2．感性负载提高功率因数常用的方法是什么？提高功率前、后电路的有功功率、感性负载的电流及总电流如何变化？

3．试说明无源二端网络的有功功率、无功功率、视在功率的物理意义及三者之间的关系。

三、分析计算题

1．如图 2-2-6 所示的 RLC 串联电路，接在工频正弦交流电源上。已知 $R=5\Omega$，$X_L=10\Omega$，$X_C=5\Omega$，若电源电压的有效值 U 为 200V，试求电路中的电流 i 及电路的平均功率 P。

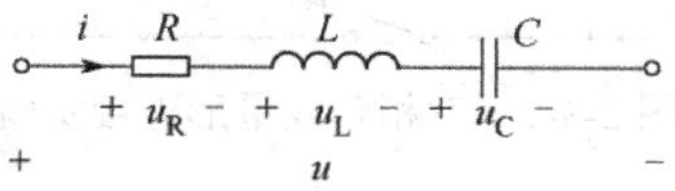

图 2-2-6

2．已知正弦交流电路中某负载上的电压瞬时值为 $u=141\sin(314t-60°)\text{V}$，若该负载的复阻抗 $Z=25\angle-30°\ \Omega$，求负载中的电流的有效值相量 I、瞬时值 i 及负载上消耗的有功功率 P。

任务 2-3　三相交流电路的测试

1．任务目标

（1）掌握三相交流电的概念。
（2）掌握三相电源的连接方式。
（3）掌握三相负载的连接方式。
（4）掌握三相电功率及测量方法。

2．元件清单

（1）三相调压器 1 台；
（2）三相负载箱（含 4 个 40W 灯泡，1 个 100W 灯泡）1 个；
（3）三相自动开关 1 个；
（4）普通开关 5 个，导线若干；
（5）交流电压表、交流电流表各 1 个；
（6）功率表 2 个。

3．实践操作

1）三相负载的星形连接
（1）按如图 2-3-1 所示电路图连接实验电路，并注意电源和电流表的正负极性。

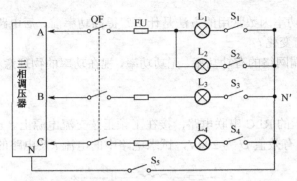

图 2-3-1   三相负载星形连接实验

（2）将三相调压器输出端调节到 220V，闭合 QS、S_1、S_3、S_4、S_5，断开 S_2，分别测量线电压 U_{AB}、U_{BC}、U_{CA}，相电压 U_{AN}、U_{BN}、U_{CN}，线电流 I_A、I_B、I_C，中性线电流 I_N 和中性点位移电压 $U_{N'N}$ 数值记录于表 2-3-1 中。线电流和中性线电流的测量可以断开对应的开关，将电流表跨接于开关两端（串入电路）即可测量；断开中性线（用断开开关 S_5 模拟），重复测量上述数据，记录于表 2-3-1 中。

（3）闭合 QS、S_1、S_2、S_3、S_5，断开 S_4，构成三相不对称负载，有中性线连接方式。测量相电压 $U_{AN'}$、$U_{BN'}$、$U_{CN'}$，中性点位移电压 $U_{N'N}$，并观察三相负载灯泡的亮暗程度，记录于表 2-3-2 中。

（4）在步骤（3）的基础上，断开 S_5，构成三相不对称负载星形连接无中性线电路。测量相电压 $U_{AN'}$、$U_{BN'}$、$U_{CN'}$，中性点位移电压 $U_{N'N}$，并观察三相负载灯泡的亮暗程度，记录于表 2-3-2 中。

表 2-3-1   三相对称负载电压、电流实验数据

被测量	U_{AB}	U_{BC}	U_{CA}	U_{AN}	U_{BN}	U_{CN}	I_A	I_B	I_C	I_N	$U_{N'N}$
有中性线											
无中性线											
结论											

表 2-3-2   三相不对称负载电压实验数据

被测量	$U_{AN'}$	$U_{BN'}$	$U_{CN'}$	$U_{N'N}$	A、B、C 三相灯泡亮度排序
有中性线					
无中性线					
结论					

2）三相电路功率的测量

（1）三相对称负载功率测量。三相对称负载功率测量可以使用一功率表法、二功率表法和三功率表法。本次实验采用一功率表法、二功率表法。

◆ 按如图 2-3-2 所示接线，第一次功率表只接入 A 相，第二次只接入 B 相，第三次只接入 C 相分别测量功率 P_A、P_B、P_C，因三相电路对称，必有 $P_A=P_B=P_C$，实际只用测量一相的值乘以 3 即可得到三相功率，将一功率表法测量数据记录于表 2-3-3 中。

◆ 按如图 2-3-3 所示接线，分别测量功率 P_1、P_2，将二功率表法测量数据记录于表 2-3-3 中。

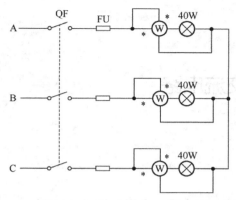

图 2-3-2　一功率表法测三相对称负载功率　　　图 2-3-3　二功率表法测三相对称负载功率

（2）三相不对称负载功率测量。三相不对称负载功率测量可以使用二功率表法和三功率表法。<u>三相不对称负载功率二功率表法测量与三相对称负载功率三功率表测量完全一样</u>。三功率表法是按一功率表法方式，分别测量三相负载功率，然后求得总功率 $P=P_A+P_B+P_C$。

◆ 二功率表法步骤：按照如图 2-3-4 所示接线，分别测量功率 P_1、P_2，将二功率表法测量数据记录于表 2-3-3 中。

◆ 三功率表法步骤：按照如图 2-3-5 所示接线，第一次功率表只接入 A 相，第二次只接入 B 相，第三次只接入 C 相分别测量功率 P_A、P_B、P_C，将三功率表法测量数据记录于表 2-3-3 中。

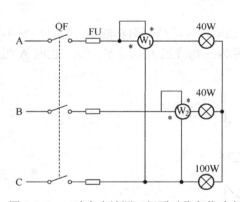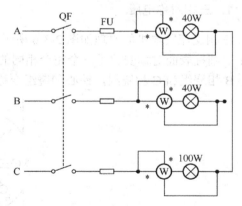

图 2-3-4　二功率表法测三相不对称负载功率　　　图 2-3-5　三功率表法测三相不对称负载功率

表 2-3-3　三相负载功率测量实验数据

被测量	P_A	P_B	P_C	P_1	P_2
对称负载					
不对称负载					
结论					

知识链接

2.3　三相交流电路

2.3.1　三相电源

用一个交流电源供电的电路称为单相交流电路，而由频率和振幅相同、相位互差 120°的三个正弦交流电源同时供电的系统，称为三相电源。目前，国内外电力系统普遍采用这种三相制供电方式。与单相电路相比，三相交流电在发电、输电和用电方面具有明显的优越性：

◆　在尺寸相同的情况下，三相发电机比单相发电机输出的功率大；

◆　在输电距离、输电电压、输送功率和线路损耗相同的条件下，三相输电比单相输电节省导线；

◆　单相电路的瞬时功率随时间交变，而对称三相电路的瞬时功率是恒定的，这使三相电动机具有恒定转矩，比单相电动机性能好，结构简单，便于维护。

1．三相对称电压

三相交流发电机的原理如图 2-3-6 所示，将三相完全相同的绕组对称固定在同一圆柱形铁心上，圆柱表面对称安放了三个完全相同的线圈，称为三相绕组 AX、BY、CZ，也叫 A 相绕组、B 相绕组和 C 相绕组，铁心和绕组合称电枢。

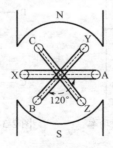

图 2-3-6　三相交流发电机示意图

每相绕组的首端为 A、B、C，末端为 X、Y、Z，三相绕组首端之间（或末端之间）在空间上彼此相差 120°，当电枢逆时针等速旋转时，各绕组内感应出频率相同、幅值相等、相位各差 120°的电压，这就是三相交流电源。我们定义三相电压的参考极性"首端"为正，"末端"为负，即正极为 A、B、C 端，负极分别为 X、Y、Z 端，其电路符号如图 2-3-7 所示。设三相绕组 AX、BY、CZ 分别产生三相电压为 u_A、u_B、u_C，且 u_A 为参考正弦量，则由如图 2-3-6 所示可知：

$$u_A = U_m \sin \omega t$$
$$u_B = U_m \sin(\omega t - 120°)$$
$$u_C = U_m \sin(\omega t + 120°)$$

三个正弦电压的相量表示为：

$$\dot{U}_A = U\angle 0°$$
$$\dot{U}_B = U\angle -120°$$
$$\dot{U}_C = U\angle 120°$$

三相电源的波形及相量图如图 2-3-8 所示。

我们把大小相等、频率相同、相位互差 120° 的正弦量称为对称三相正弦量（如 u_A、u_B、u_C）。由这三个电压组成的电源称为对称三相电源（如不加特别指明，本书今后所提到的三相电源均指对称三相电源）。

凡是对称三相正弦量，其三个电量的相量或瞬时值之和都为零。例如：

$$\dot{U}_A + \dot{U}_B + \dot{U}_C = 0$$
$$u_A + u_B + u_C = 0$$

三相电压到达振幅值（或零值）的先后次序为相序。在图 2-3-8（a）中三个电压到达振幅值的顺序为 u_A、u_B、u_C。若其相序为 ABCA，则称为顺序（或正序）；反之，则称为反序（或负序）。本书重点讨论顺序的情况。

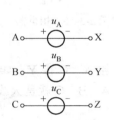

图 2-3-7　三相电源电路符号

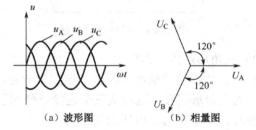

（a）波形图　　　　（b）相量图

图 2-3-8　对称三相电源的波形及相量图

2．三相电源的连接

三相发电机每相绕组均是独立的，都可分别接上负载成为互不相连的三相电路。这种接法由于导线根数太多，实际中是不可取的。实际工程中，对称三相电源有两种连接方式：星形（Y 形）连接和三角形（△或 D 形）连接。

1）星形连接（Y 接）

将三相绕组 AX、BY、CZ 的首端 A、B、C 作为三相输出端，而末端 X、Y、Z 连接在同一中性点 N 上，称为星形连接。从首端 A、B、C 引出的三根线称为端线（又叫火线）；从中点 N 引出的线称为中线（又叫零线）。如图 2-3-9 所示，这种接法又称为三相四线制。

在星形连接的三相电源中，每条端线与中性点 N 之间的电压称为相电压，即：

$$\dot{U}_{AN} = \dot{U}_A，\quad \dot{U}_{BN} = \dot{U}_B，\quad \dot{U}_{CN} = \dot{U}_C$$

对称三相电源的相电压大小常用 U_P 表示。每两条端线之间的电压称为线电压，其方向规定为由 A→B，B→C，C→A，星形连接电源的各线电压可表示为：

$$\begin{cases} \dot{U}_{AB} = \dot{U}_{A} - \dot{U}_{B} \\ \dot{U}_{BC} = \dot{U}_{B} - \dot{U}_{C} \\ \dot{U}_{CA} = \dot{U}_{C} - \dot{U}_{A} \end{cases} \qquad (2\text{-}3\text{-}1)$$

对称三相电源的线电压大小常用 U_L 表示。对称三相电源的相电压与线电压的相量图如图 2-3-10 所示。

由相量图推出各线电压与对应的相电压的相量关系为：

$$\begin{cases} \dot{U}_{AB} = \sqrt{3}\dot{U}_{A}\angle 30^{\circ} \\ \dot{U}_{BC} = \sqrt{3}\dot{U}_{B}\angle 30^{\circ} \\ \dot{U}_{CA} = \sqrt{3}\dot{U}_{C}\angle 30^{\circ} \end{cases} \qquad (2\text{-}3\text{-}2)$$

式（2-3-2）表明，对称三相电源星形连接时，线电压与相电压有效值的关系为：$U_L = \sqrt{3}U_p$；相位关系为：线电压超前相应的相电压30°。

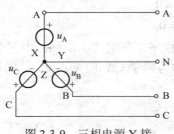

图 2-3-9 三相电源 Y 接

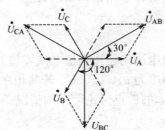

图 2-3-10 相量图

2）三角形连接（△接）

将三相绕组的首端和末端顺次连接在一起，即 A 接 Z，B 接 X，C 接 Y，如图 2-3-11 所示，称为三角形连接。这时从三个连接点分别引出的三根端线 A、B、C 就是火线，显然三角形连接时，线电压与相电压的关系为：

$$\dot{U}_{AB} = \dot{U}_{A}, \dot{U}_{BC} = \dot{U}_{B}, \dot{U}_{CA} = \dot{U}_{C}$$

即线电压等于相电压。

当三角形电源正确连接时，$\dot{U}_{A} + \dot{U}_{B} + \dot{U}_{C} = 0$，所以电源内部无环流。若接错或电路发生故障，如一相电源短路或开路，将形成很大的环流，造成事故，故大容量的三相交流发电机和变压器很少采用三角形连接。

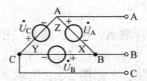

图 2-3-11 三相电源的三角形连接

2.3.2　三相负载

三相负载同样也有两种连接方式：星形连接和三角形连接。

1．负载的星形连接

如图 2-3-10 所示的是三相负载和三相电源均为星形连接的三相四线制电路，其中，Z_A、Z_B、Z_C 表示三相负载，若 $Z_A = Z_B = Z_C$，我们称其为对称负载，否则，称其为不对称负载。三相电路中，若电源对称，负载也对称，称为三相对称电路。由 KVL 可知：

$$\dot{U}_A' = \dot{U}_A, \dot{U}_B' = \dot{U}_B, \dot{U}_C' = \dot{U}_C$$

由图 2-3-12 可知，三相四线制电路中，负载相电流等于对应的相电流。

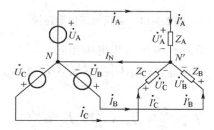

图 2-3-12　三相四线制电路

如果忽略输电线路上的电阻，则各相电流为：

$$\dot{I}_A' = \frac{\dot{U}_A'}{Z_A} = \frac{\dot{U}_A}{Z_A}, \dot{I}_B' = \frac{\dot{U}_B'}{Z_B} = \frac{\dot{U}_B}{Z_B}, \dot{I}_C' = \frac{\dot{U}_C'}{Z_C} = \frac{\dot{U}_C}{Z_C}$$

若为对称负载，即 $Z_A = Z_B = Z_C = Z$，则有

$$\dot{I}_A = \dot{I}_A' = \frac{\dot{U}_A'}{Z}, \dot{I}_B = \dot{I}_B' = \frac{\dot{U}_B'}{Z}, \dot{I}_C = \dot{I}_C' = \frac{\dot{U}_C'}{Z}$$

由于相电压对称，因此电流也对称，则在三相对称电路中有：

$$\dot{I}_A' + \dot{I}_B' + \dot{I}_C' = \dot{I}_N = 0$$

即中线电流为零，此时可以将中线省去，得到如图 2-3-13 所示电路，称为三相三线制。

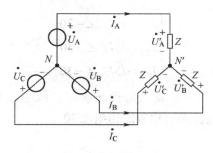

图 2-3-13　对称三相三线制电路

在对称三相负载星形连接构成三相四线制或对称三相三线制电路中，负载的相电压与线电压的关系与对称三相电源星形连接时相同。

2. 负载的三角形连接

将三相负载首尾顺次连接成三角形后，分别接到三相电源的三根端线上，如图 2-3-12 所示，Z_{AB}、Z_{BC}、Z_{CA} 分别为三相负载，流在负载上的电流称为负载的相电流，流过端线上的电流称为线电流，其参考方向如图 2-3-14 所示。

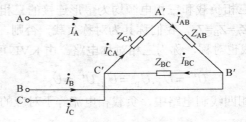

图 2-3-14　负载的三角形连接

显然负载三角形连接时，负载相电压与线电压相同，即

$$\dot{U}'_{AB} = \dot{U}_{AB}, \dot{U}'_{BC} = \dot{U}_{BC}, \dot{U}'_{CA} = \dot{U}_{CA}$$

负载相电流为：

$$\dot{I}_{AB} = \frac{\dot{U}_{AB}}{Z_{AB}}, \dot{I}_{BC} = \frac{\dot{U}_{BC}}{Z_{BC}}, \dot{I}_{CA} = \frac{\dot{U}_{CA}}{Z_{CA}}$$

如果三相负载为对称负载，即 $Z_{AB}=Z_{BC}=Z_{CA}=Z$，则有：

$$\dot{I}_{AB} = \frac{\dot{U}_{AB}}{Z}, \dot{I}_{BC} = \frac{\dot{U}_{BC}}{Z}, \dot{I}_{CA} = \frac{\dot{U}_{CA}}{Z}$$

以上分析的所有具有对称特性的电压或电流，在计算过程中只要求出其中一相，其他两相均可按照对称特性直接写出。

由 KCL 可知负载三角形连接时，相电流与线电流的关系为：

$$\begin{cases} \dot{I}_A = \dot{I}_{AB} - \dot{I}_{CA} \\ \dot{I}_B = \dot{I}_{BC} - \dot{I}_{AB} \\ \dot{I}_C = \dot{I}_{CA} - \dot{I}_{BC} \end{cases} \tag{2-3-3}$$

三相负载对称时，可得

$$\begin{cases} \dot{I}_A = \sqrt{3}\dot{I}_{AB}\angle -30° \\ \dot{I}_B = \sqrt{3}\dot{I}_{BC}\angle -30° \\ \dot{I}_C = \sqrt{3}\dot{I}_{CA}\angle -30° \end{cases} \tag{2-3-4}$$

式（2-3-4）表明，对称三相负载三角形连接时，线电流与相电流有效值的关系为：$I_L = \sqrt{3}I_P$，相位关系为：线电流滞后相应的相电流 30°。

2.3.3　三相功率

1．有功功率

在三相电路中，三相负载吸收的有功功率等于各相有功功率之和，即：

$$P = P_A + P_B + P_C = U_A I_A \cos\varphi_A + U_B I_B \cos\varphi_B + U_C I_C \cos\varphi_C \tag{2-3-5}$$

其中，各电压、电流分别为 A、B、C 三相的相电压和相电流，φ_A、φ_B、φ_C 为 A、B、C 三相的阻抗角。

在三相对称电流中，显然 $P_A = P_B = P_C$，所以三相总有功功率为：

$$P = 3P_A \text{ 或 } P = 3P_P \tag{2-3-6}$$

即

$$P = 3U_P I_P \cos\varphi_P \tag{2-3-7}$$

当对称三相负载为星形连接时：$U_P = \dfrac{U_1}{\sqrt{3}}, I_P = I_1$；

当负载为三角形连接时：$U_P = U_1, I_P = \dfrac{I_1}{\sqrt{3}}$；

即无论负载如何连接，总有 $3U_P I_P = \sqrt{3}U_1 I_1$，所以式（2-3-7）可表示为：

$$P = \sqrt{3}U_1 I_1 \cos\varphi_P \tag{2-3-8}$$

2．无功功率

与三相有功功率类似，三相无功功率为：

$$Q = Q_A + Q_B + Q_C = U_A I_A \sin\varphi_A + U_B I_B \sin\varphi_B + U_C I_C \sin\varphi_C \tag{2-3-9}$$

在对称三相电路中，三相无功功率为：

$$Q = Q_A + Q_B + Q_C = 3U_P I_P \sin\varphi_P = \sqrt{3}U_L I_1 \sin\varphi_p \tag{2-3-10}$$

3．视在功率

三相视在功率定义为：

$$S = \sqrt{P^2 + Q^2} \tag{2-3-11}$$

若负载对称，则

$$S = 3U_P I_P = \sqrt{3}U_L I_L \tag{2-3-12}$$

4．三相负载的功率因数

三相负载的功率因数定义为：

$$\lambda = \frac{P}{S} \tag{2-3-13}$$

若负载对称，则 $\lambda = \cos\varphi_p$，即为一相负载的功率因数。

5. 对称三相负载的瞬时功率

在对称三相电路中，以 A 相为参考相量，设负载阻抗角为 φ，得出各相的瞬时功率为：

$$p_A = u_{AN} i_{AN} = \sqrt{2} U_P \cos \omega t \sqrt{2} I_P \cos(\omega t - \varphi)$$
$$= U_P I_P \cos[\cos \varphi + \cos(2\omega t - \varphi)] ;$$

$$p_B = u_{BN} i_{BN} = \sqrt{2} U_P \cos(\omega t - 120°) \sqrt{2} I_P \cos(\omega t - \varphi - 120°)$$
$$= U_P I_P \cos[\cos \varphi + \cos(2\omega t - \varphi + 240°)] ;$$

对称三相电路的三相瞬时功率为：

$$p = p_A + p_B + p_C = 3 U_P I_P \cos \varphi$$

即对称三相电路的瞬时功率为常量，这种性质为瞬时功率的平衡。

【例 2-3-1】有一对称三相负载，每相阻抗 $Z=80+j60\Omega$，电源线电压为 $U_l=380\text{V}$。求当三相负载分别连接成星形和三角形时电路的有功功率和无功功率。

解：（1）负载为星形连接时：

$$U_P = \frac{U_l}{\sqrt{3}} = \frac{380}{\sqrt{3}} = 220(\text{V}) ;$$

$$I_P = I_l = \frac{U_P}{|Z|} = \frac{220}{\sqrt{80^2 + 60^2}} = 2.2(\text{A}) ;$$

$$\cos \varphi_p = \frac{80}{\sqrt{80^2 + 60^2}} = 0.8, \sin \varphi_p = 0.6 ;$$

$$P = 3 U_P I_P \cos \varphi_p = 3 \times 220 \times 2.2 \times 0.8 = 1.16(\text{kW}) ;$$

$$Q = 3 U_P I_P \sin \varphi_p = 3 \times 220 \times 2.2 \times 0.6 = 0.87(\text{kvar}) .$$

（2）负载为三角形连接时：

$$U_P = U_l = 380(\text{V}) ;$$

$$I_P = \frac{380}{\sqrt{80^2 + 60^2}} = 3.8(\text{A}) ;$$

$$P = 3 U_P I_P \cos \varphi_p = 3 \times 380 \times 3.8 \times 0.8 = 3.48(\text{kW}) ;$$

$$Q = 3 U_P I_P \sin \varphi_p = 3 \times 380 \times 3.8 \times 0.6 = 2.61(\text{kvar}) .$$

练习与思考 8

一、填空题

1．用一个交流电源供电的电路称为＿＿＿＿＿＿＿＿，而由＿＿＿＿＿＿＿、＿＿＿＿＿＿＿＿的三个正弦交流电源同时供电的系统，称为＿＿＿＿＿＿。

2．三相负载有两种连接方式：＿＿＿＿＿＿＿＿和＿＿＿＿＿＿＿＿。

3．在对称三相电路中，三相有功功率用公式表示为＿＿＿＿＿＿＿＿＿＿＿，三相无功功率用公式表示为＿＿＿＿＿＿＿＿＿＿＿＿，三相视在功率用公式表示为＿＿＿＿＿＿＿＿＿＿＿＿。

4．对称三相电路的三相瞬时功率用公式表示为＿＿＿＿＿＿＿＿＿＿＿。三相电路的瞬时功率为＿＿＿＿＿＿＿＿＿＿，这种性质为＿＿＿＿＿＿＿＿＿＿。

二、判断题（正确的打√，错误的打×）

1．对称三相电路的三相瞬时功率大小为零。（　　　）

2．三相电源只有星形连接方式，没有三角形连接方式。（　　　）

3．三相负载对称时，一相负载的功率因数和三相负载的功率因数相等。（　　　）

三、选择题（选择正确的答案填入括号内）

1．一个对称三相负载，每相阻抗 $Z=30+j40\Omega$，电源线电压为 $U_l=380V$。则当三相负载星形连接时的每相电流的大小为（　　　）。

　　A．2.2A　　　　　　B．4.4A　　　　　　C．7.6A　　　　　　D．3.8A

2．一个对称三相负载，每相阻抗 $Z=30+j40\Omega$，电源线电压为 $U_l=380V$。则当三相负载三角形连接时的每相电流的大小为（　　　）。

　　A．2.2A　　　　　　B．4.4A　　　　　　C．7.6A　　　　　　D．3.8A

四、问答题

1．与单相电路相比，三相交流电在发电、输电和用电方面的优越性有哪些？

2．三相负载和三相电源均为星形连接的三相四线制电路中，若三相负载对称，为什么可以将中线省去？

五、分析计算题

一个 Y 形连接的对称三相负载，每相阻抗 $Z=90+j120\Omega$，电源线电压为 $U_l=380V$。求（1）各负载的相电压和相电流；（2）计算三相电路的 P、Q 和 S 的值。

项目三
变压器的使用与维护

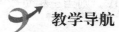教学导航

在电工技术中不仅要讨论电路问题，还将讨论磁路问题。因为很多电工设备与电路和磁路都有关系，如电动机、变压器、电磁铁及电工测量仪表等。本项目将介绍与磁路有关的电路问题。磁路问题与磁场有关，与磁介质有关，但磁场往往与电流相关联，所以本章将研究磁路和电路的关系及磁和电的关系。

本章讨论对象将以变压器和电磁铁为主，重点研究其电磁特性，为以后研究电动机的基本特性作基础。

任务 3-1　用万用表判别变压器同名端

1．任务目标

（1）了解电磁感应现象；
（2）了解单相变压器的工作原理；
（3）掌握变压器的相关计算；
（4）掌握判别变压器同名端的方法。

2．元件清单

（1）单相变压器 1 个；
（2）指针式万用表 1 块；
（3）1.5V 干电池 1 节；
（4）开关 1 个，导线若干；
（5）实验台 1 台。

3．实践操作

（1）本任务的方法为直流法（又称干电池法）。

（2）检测时准备干电池 1 节，万用表 1 块，如图 3-1-1 所示进行操作，图中 G 为 1.5V 电池，S 为开关，将万用表置于直流电压低挡位，如 2.5V 挡（直流电流 0.5mA 挡也可以）。

（3）将万用表的表笔分别接次级绕组的两端，图中红表笔接 C 端，黑表笔接 D 端。当接通 S 的瞬间，使变压器的变化电流流过一次绕组，根据电磁感应测变压器同名端方法原理可知，此时在变压器二次绕组上将产生一个时间很短的感应电压，仔细观察万用表指针，可以看到指针的摆动方向。如果指针正向偏转则万用表的正极 C 点、电池的正极 A 点所接的为同名端，D 点和 B 点是同名端。

（4）若闭合开关 S 时，万用表指针向左偏摆，则 C 点和 B 点是同名端，D 点和 A 点是同名端。

（5）必须注意开关 S 不可长时间接通，以免造成线圈故障。

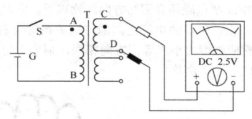

图 3-1-1　直流法判别变压器同名端

 知识链接

3.1　磁路

1．磁路的基本概念

通有电流的线圈周围和内部存在着磁场，但是空心载流线圈产生的磁场较弱，一般难以满足电工设备的需要。工程上为了得到较强的磁场并有效地加以利用，常采用导磁性能良好的铁磁材料做成一定形状的铁芯，而将线圈绕在铁芯上。当线圈中通过电流时，铁芯即被磁化，使得其产生的磁场大为增强，故通电线圈产生的磁通主要集中在由铁芯构成的闭合路径内，这种磁通集中通过的路径称为磁路，用于产生磁场的电流成为励磁电流，通过励磁电流的线圈称为励磁线圈或励磁绕组。

如图 3-1-2 所示是几种常见电气设备的磁路。下面以电磁铁为例来说明磁路的概念。电磁铁包括励磁绕组、静铁芯和动铁芯三个部分，动铁芯和静铁芯之间存在着空气隙。当励磁绕组通过电流时，绕组产生的磁通绝大部分将沿着导磁性能良好的静铁芯、动铁芯，并穿过它们之间的空气隙而闭合（电磁铁的空气隙是变化的）。由于铁磁材料的导磁性能比空气好得多，励磁绕组产生的磁通绝大部分都集中在铁芯里，磁通的路径由铁芯的形状决定。

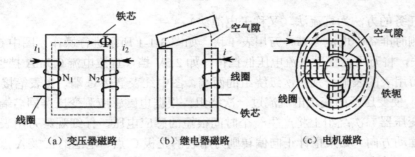

图 3-1-2 几种电气设备的磁路

2．磁路的基本物理量

1）磁感应强度（B）

磁感应强度 B 是描述空间某点磁场强弱与方向的物理量。它是一个矢量，其方向与该点磁力线切线方向一致，与产生该磁场的电流之间的方向关系符合右手螺旋定则，如图 3-1-3 所示。若磁场内各点的磁感应强度大小相等，方向相同，则为均匀磁场。在国际单位制中，磁感应强度的单位是特斯拉（T），简称特。

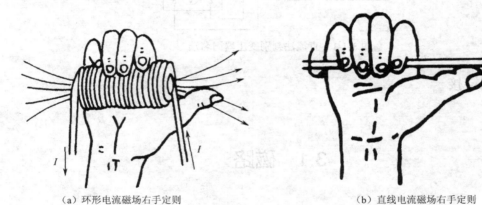

图 3-1-3 电流与磁场方向的右手螺旋定则

磁感应强度的公式描述为：$B = \dfrac{F}{qv}$

式中：F——牛顿（N）；

q——库仑（C）；

v——米每秒（m/s）；

B——特［斯拉］（T）。

2）磁通量（Φ）

磁通量 Φ（或称为磁通）是表示穿过某一截面 S 的磁感应强度矢量 B 的通量，也可理解为穿过该截面的磁力线总数。

磁通量的公式描述为：$\Phi = B \cdot S$

式中：S——平方米（m^2）；

Φ——韦［伯］（Wb）；

B——特［斯拉］（T）。

Φ 的方向与 B 的方向相同，即与产生该磁场的电流之间的方向关系符合右手螺旋定则。

3）磁场强度（H）

磁场中某点的磁场强度 H 的大小等于该点的磁感应强度与介质导磁率的比值。

磁场强度的公式描述为：$H = \dfrac{B}{\mu}$

式中：H—安/米（A/m）。

磁场强度的大小只与其激励电流有关，而与介质材料的导磁性能无关。H 的方向与该点的磁感应强度 B 的方向一致。磁场强度也是矢量。

4）磁导率（μ）

磁导率 μ 是表示物质导磁性能的物理量。其单位是亨/米（H/m）。真空中的磁导率为：$\mu_0 = 4\pi \times 10^{-7} \text{H/m}$，$\mu \approx \mu_0$ 的物质为非磁性物质，$\mu \gg \mu_0$ 的物质为铁磁性物质。

5）磁路欧姆定律

用 Φ 表示磁通，线圈中电流的有效值 I 与线圈匝数 N 的乘积表示磁动势 F，R_m 表示磁阻。磁路与电路对照如表 3-1-1 所示。

表 3-1-1　磁路与电路对照表

磁　路		电　路	
磁动势 $F=IN$	（A）	电动势 E	（V）
磁通 Φ	（Wb）	电流 I	（A）
磁感应强度 B	（Wb/m²）	电流密度 J	（A/m²）
磁阻 $R_m = \dfrac{l}{\mu s}$	（A/Wb）	电阻 $R = \dfrac{l}{\rho s}$	（Ω）
磁路欧姆定律	$\Phi = \dfrac{IN}{R_m}$	电路欧姆定律	$I = \dfrac{E}{R}$

磁路是用来将磁场聚集在空间一定范围内的总体，实质上是局限在一定路径内的磁场。磁场中的各个基本物理量也适用于磁路。磁路欧姆定律只适用于铁芯的非饱和状态。

电路有直流和交流之分，磁路也分为直流磁路（如直流电磁铁和直流电动机）和交流磁路（如变压器、交流电磁铁和交流电动机），它们各具有不同的特点。此外也有用永久磁铁构成磁路的（如磁电式仪表），但它不需要励磁绕组。

3．铁磁性材料的磁性能

1）铁磁性物质的磁化

（1）磁畴：在铁磁性物质内部存在许多体积约 $9\sim10\text{cm}^3$ 的磁化小区域，称为磁畴。

（2）在没有外磁场作用时，这些磁畴的排列是无序的，它们所产生的磁场的平均值几乎等于零，对外不显示磁性。

（3）在一定的外磁场作用下，这些磁畴将转向外磁场方向，作有序排列，显示出很强的磁性，形成磁化磁场，从而使铁磁性物质内的磁感应强度大大增强，这就是铁磁性物质在外磁场作用下产生的磁化现象。如图 3-1-4 所示。

（4）非磁性材料内没有磁畴结构，所以不具有磁化特性。

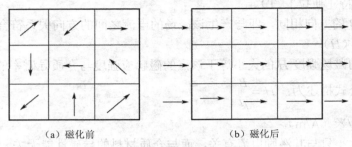

（a）磁化前　　　　　　　　　　　（b）磁化后

图 3-1-4　铁磁性物质的磁化

2）高导磁性

由于磁化现象，从而使铁磁性材料具有高导磁性能，其磁导率很大，是工业生产中用于制造电机、电器与电工仪表的主要材料。利用铁磁性物质的高导磁性，可用较小的励磁电流产生足够大的磁通，如优质的铁磁性物质可使相同容量的变压器或电动机的重量和体积大大减小。

3）磁饱和性

铁磁性材料还具有磁饱和性。当外加磁场 H 增加到一定程度后，即便 H 再继续增加，B 的数值几乎不再增长，即进入饱和状态了。

4）磁滞性

磁滞性表现在铁磁性物质在交变磁场中反复磁化时，磁感应强度的变化总是滞后于磁场强度的变化。

磁滞性是由于分子热运动所产生的。在交变磁化过程中，磁畴在外磁场作用下不断转向，但它的分子热运动又阻止其转向，故磁畴的转向总是跟不上外加磁场的变化，从而产生了磁滞现象。

5）铁磁性物质的分类和用途

（1）软磁性材料：容易被磁化，但去掉外磁场后，磁性大部分消失。如硅钢、铸铁、铸钢、电工钢、铍莫合金、铁氧体等都属于软磁性材料。常被用来制造变压器、交流电机和各种继电器的铁芯等。

（2）硬磁性材料：须用较强的外磁场才能使之磁化，但去掉外磁场后，磁性不易消失，将保留很强的剩磁。如碳钢、钴钢、铝镍钴合金、钕铁硼等都属于硬磁性材料。适用于制造永久磁铁、磁电式仪表、永磁式扬声器、耳机中的永久磁铁和小型直流电机中的永磁磁极等。

（3）矩磁性材料：很容易被磁化，剩磁大（不易去磁）。如镁锰铁氧体及锂锰铁氧体等。适用于存储与记录信号，常用来制作记忆元件，比如计算机内部存储器的磁芯和外部设备中的磁鼓、磁带及磁盘等。

4．涡流与趋肤效应

1）涡流

（1）涡流：铁芯线圈在外加交流电源作用下，产生交变磁通穿过铁芯，使得铁芯内部产生感应电动势和感应电流。由于这种电流在铁芯中自成回路，其形状如同水中旋涡，所以称做涡流。如图 3-1-5 所示。

（2）涡流损耗：涡流所经路径是有电阻的，因此会消耗能量而使得铁芯发热，这种由涡流引起的电能损耗叫做涡流损耗。

涡流的大小与铁芯材料的电阻率成正比，与铁芯的厚度成反比。故减小涡流损耗常用两种方法：一是增大铁芯材料的电阻率，在钢片中渗入硅能使其电阻率大大提高。二是把铁芯沿磁场方向剖分为许多薄片且相互绝缘后再叠装成铁芯，以减小铁芯的厚度，增大铁芯中涡流路径的电阻。

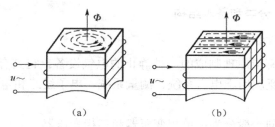

图 3-1-5　涡流

2）趋肤效应（图 3-1-6）

（1）直流电通过导线时：导线横截面上各处的电流密度相等。

（2）交流电通过导线时：导线横截面上电流的分布是不均匀的，越靠近导线中心处电流密度越小；越靠近导线表面电流密度越大。此种交变电流在导线内趋于导线表面流动的现象称为趋肤效应（也称集肤效应）。

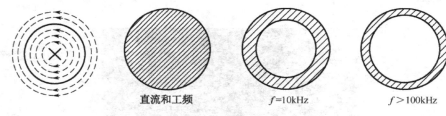

直流和工频　　　　$f=10\text{kHz}$　　　　$f>100\text{kHz}$

图 3-1-6　趋肤效应

由于趋肤效应的影响，使电流比较集中地分布在导线表面，此种现象随着频率的增加而更加显著。为了减小趋肤效应带来的不利影响，在高频电路中常采用空心导线，有时则用若干条细导线绞合而成的多股绞线以增大导线的表面来减小趋肤效应的影响。

趋肤效应可以用来进行高频淬火。把待处理的金属工件放置在通有高频电流的线圈中，由于趋肤效应，金属工件中将产生趋于工件表面的高频涡流，使工件表面的温度急速升高，而工件中心处几乎不发热，达到表面淬火的目的。表面淬火的深度用改变电流频率来控制，电流频率越高，表面淬火深度越浅。

3.2 变压器

3.2.1 变压器基本概念

1. 变压器的用途、分类和基本结构

1）变压器的用途

变压器是根据电磁感应原理制成的一种静止的电气设备。它具有变换电压、变换电流、变换阻抗等作用。被广泛应用于电力系统、测量系统、电子线路和电子设备中。

2）变压器的分类

按交流电的相数不同一般分为：单相变压器和三相变压器。

按用途可分为：输配电用的电力变压器，局部照明和控制用的控制变压器，用于平滑调压的自耦变压器，电加工用的电焊变压器和电炉变压器，测量用的仪用互感器以及电子线路和电子设备中常用的电源变压器、耦合变压器、输入输出变压器、脉冲变压器等。

3）变压器的基本结构

变压器的种类很多，结构形状各异，用途也各不相同，但其基本结构和工作原理却是相同的。变压器的主要结构是铁芯、绕组、箱体及其他零部件。如图 3-1-7 所示为油浸式变压器的结构。

图 3-1-7　油浸式变压器

（1）铁芯

铁芯是变压器的主磁路，又作为绕组的支撑骨架。为了减少铁芯内的磁滞和涡流损耗，通常采用含硅量为 5%、厚度为 0.35mm 或 0.5mm、两平面涂绝缘漆或经氧化膜处理的硅钢片叠装而成。

按绕组套入铁芯的形式，变压器分为心式和壳式两种，如图 3-1-8 所示。

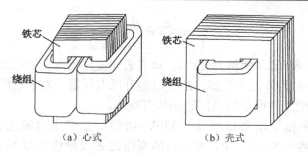

（a）心式　　　　　　（b）壳式

图 3-1-8　变压器铁芯形式

（2）绕组

绕组是变压器的电路部分，一般用高强度漆包铜线（也可用铝线）绕制而成。接高压电网的绕组称为高压绕组，接低压电网的绕组称为低压绕组。

（3）油箱及其他零部件

油箱、贮油柜、绝缘导管、分接开关、气体继电器、安全气道、测温器等。

2．变压器的工作原理

初级：接电源的绕组称为一次绕组（又称原边或初级绕组），匝数为 N_1，其电压、电流、电动势分别用 u_1、i_1、e_1 表示。

次级：与负载相接的绕组称为二次绕组（又称副边或次级绕组），匝数为 N_2，其电压、电流、电动势分别用 u_2、i_2、e_2 表示。

1）变压器的变压原理（变压器的空载运行见图 3-1-9）

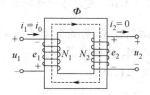

图 3-1-9　变压器的空载运行

在 u_1 的作用下，原绕组中有电流 i_1 通过，此时 $i_1 = i_0$ 称为空载电流。它在原边建立磁动势 $i_0 N_1$，在铁芯中产生同时交链着原、副绕组的主磁通 Φ，主磁通 Φ 的存在是变压器运行的必要条件。

根据电磁感应原理，主磁通会在原、副绕组中分别产生频率相同的感应电动势 e_1 和 e_2。

$$E_1 = \frac{E_{1m}}{\sqrt{2}} = \frac{N_1 \omega \Phi_m}{\sqrt{2}} = \frac{2\pi f}{\sqrt{2}} N_1 \Phi_m = 4.44 f N_1 \Phi_m$$

$$E_2 = \frac{E_{2m}}{\sqrt{2}} = \frac{N_2 \omega \Phi_m}{\sqrt{2}} = \frac{2\pi f}{\sqrt{2}} N_2 \Phi_m = 4.44 f N_2 \Phi_m$$

由于原、副绕组本身阻抗压降很小，可以近似认为：

$$U_1 = E_1 = 4.44 f N_1 \Phi_m$$

$$U_2 = E_2 = 4.44 f N_2 \Phi_m$$

由此可以得出原边电压与副边电压之间的关系为：

$$\frac{U_1}{U_2} \approx \frac{E_1}{E_2} = \frac{N_1}{N_2} = K$$

K 称为变压器的变压比（简称为变比），该式表明变压器原、副绕组的电压与原副绕组的匝数成正比。当 $K>1$ 时为降压变压器，$K<1$ 时为升压变压器。对于已经制成的变压器而言，K 值一定，故副绕组电压随原绕组电压的变化而变化。

【例 3-2-1】某单相变压器接到 $U_1=220\text{V}$ 伏的正弦交流电源上，已知副边空载电压 $U_{20}=20\text{V}$，副绕组匝数为 50 匝。求：变压器的变压比 K 及原边匝数 N_1。

解：变压比 K 为：$K = \frac{U_1}{U_2} = \frac{220}{20} = 11$，原边匝数为：$N_1 = K \times N_2 = 11 \times 50 = 550$（匝）。

2）变压器的变流原理（变压器的负载运行见图 3-1-10）

接上负载后，副绕组中便有电流 i_2 通过，原绕组中的电流由 i_0 变到 i_1，以抵消副边电流的去磁作用。正是负载的去磁作用和原边电流所作的相应变化以维持主磁通不变的这种特性，使得变压器可以通过电与磁的联系，把输入到原边的功率传递到副边电路中去。

当变压器在额定负载下运行时，励磁分量 i_0 很小，约为原边额定电流的（2～10）%，在分析原、副边电流的数量关系时，可将 i_0 忽略不计，于是有：$I_1 = \frac{N_2}{N_1} I_2$。

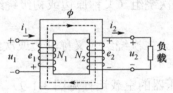

图 3-1-10 变压器的负载运行

说明，变压器负载运行时，其原绕组和副绕组电流有效值之比，等于它们匝数比的倒数，即变压比的倒数。这也就是变压器的电流变换原理。

3）变压器的变阻抗原理（见图 3-1-11）

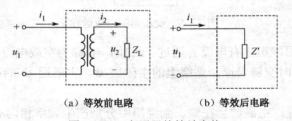

（a）等效前电路　　　　　　　（b）等效后电路

图 3-1-11 变压器的等效变换

变压器的原边接上电源电压，副边接入负载阻抗，从原边看进去，可用一个阻抗来等效，当副边的负载阻抗一定时，通过选取不同的匝数比的变压器，在原边可得到不同的等效阻抗。在一些电子设备中，利用变压器将负载的阻抗变换到正好等于电源的内阻抗，即"阻抗匹配"。

$$|Z'| = \frac{U_1}{I_1} = \frac{KU_2}{\frac{1}{K}I_2} = K^2 \frac{U_2}{I_2} = K^2 |Z_L|$$

【例 3-2-2】一个 $R_L=10\Omega$ 的负载电阻，接在电压有效值 $U=12\text{V}$、内阻 $R_0=250\Omega$ 的交流信

号源上。

求：（1）R_L 直接接到交流信号源上获得的功率；

（2）若在负载与信号源之间接入一个变压器进行阻抗变换，为使该负载获得最大功率，需选择多大变压比的变压器？

（3）R_L 上获得的最大功率。

解：（1）R_L 直接接到电源上时，R_L 上获得的功率为 P，则：

$$P = \left(\frac{U}{R_0 + R_L}\right)^2 \times R_L = \left(\frac{12}{250+10}\right)^2 \times 10 = 21.3(\text{W})$$

（2）阻抗匹配时变压器的变压比为：

$$K = \sqrt{\frac{R_0}{R_L}} = \sqrt{\frac{250}{10}} = 5$$

（3）R_L 上获得的最大功率为 P_{Lmax}

$$P_{Lmax} = \left(\frac{U}{R_0 + R'}\right)^2 \times R' = \left(\frac{12}{250+250}\right)^2 \times 250 = 144(\text{W})$$

很显然，利用变压器使其负载阻抗与电源内阻抗相匹配，可以获得较高的功率输出。

4）变压器的效率

变压器的效率定义为输出功率 P_2 与输入功率 P_1 的百分比，即：

$$\eta = \frac{P_2}{P_1} \times 100\% = \frac{P_2}{P_2 + \Delta p_{Cu} + \Delta p_{Fe}} \times 100\%$$

由于变压器中没有转动的部分，故效率较高。通常在额定负载的 80%左右时，变压器的工作效率最高。小型变压器的效率为 60%～90%，大型电力变压器的效率可达 99%。

3. 变压器的额定值

额定值是变压器制造厂家根据国家技术标准，对变压器正常可靠工作所做的使用规定，由于额定值通常是标注在铭牌上，故又称为铭牌值。

1）额定电压（U_{1N}、U_{2N}）

原绕组的额定电压 U_{1N}：指变压器在额定运行情况下，根据变压器的绝缘等级和允许温升所规定的原绕组的电压值。

副绕组的额定电压 U_{2N}：指变压器空载、原绕组加上额定电压时，副绕组两端的空载电压。

三相变压器的额定电压是指其线电压。

2）额定电流（I_{1N}、I_{2N}）

指变压器在额定运行情况下，根据绝缘材料所允许的温升而规定的原、副绕组中允许长期通过的最大电流值。

三相变压器的额定电流是指其线电流。

3）额定频率（f）

我国规定标准工业频率为 50Hz。

4）额定容量（S_N）

额定容量是指变压器副边输出的视在功率，单位是 VA 或 kVA。

单相变压器：

$$S_N = U_{2N}I_{2N}$$

三相变压器：

$$S_N = \sqrt{3}U_{2N}I_{2N}$$

3.2.2 特殊用途变压器

1. 自耦调压器（见图 3-1-12）

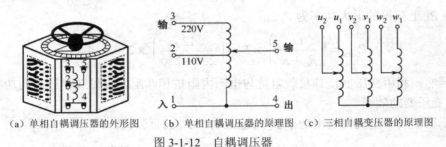

（a）单相自耦调压器的外形图　（b）单相自耦调压器的原理图　（c）三相自耦变压器的原理图

图 3-1-12　自耦调压器

使用自耦调压器时还应注意如下几点。

（1）原绕组接交流电源，副绕组接负载，不能接错，否则可能会发生触电事故或烧毁变压器。所以，自耦变压器不允许作为安全变压器使用。接触式自耦调压器如图 3-1-13 所示。

图 3-1-13　接触式自耦调压器

（2）接通电源前，应将调压器上的手柄（滑动触头）旋至零位，通电后再逐渐将输出电压调到所需数值。使用完毕后，手柄应退回到零位。

2. 仪用互感器

1）电压互感器（TV）

电压互感器的原绕组匝数较多，其端线并联在被测的高压线路上；副绕组匝数较少，其端线可同电压表、电压继电器、功率表或电能表的电压线圈相联接。由于上述负载的阻抗都较高，因此，电压互感器在使用时相当于副边开路的降压变压器。

电压互感器如图 3-1-14 所示，使用规则如下。

（1）电压互感器在运行时副绕组绝对不允许短路。因为副绕组匝数少，阻抗小，如发生短路，短路电流将很大，足以烧坏互感器。使用时低压侧要串联熔断器作短路保护。

（2）电压互感器的铁芯和副绕组的一端都必须可靠接地，以防止高、低压绕组间的绕组层损坏时，副绕组和仪表带上高电压而危及人身安全。

2）电流互感器（TA）

电流互感器的原绕组匝数很少（可少至一匝），导线粗，直接串入被测大电流电路中；而副绕组匝数很多，导线细，与阻抗很小的电流表、电流继电器、功率表或电能表的电流线圈串联。因此，它相当于升压变压器副边几乎短路的工作状态。

电流互感器如图 3-1-15 所示，使用规则如下。

（1）电流互感器在运行时副绕组绝对不允许开路。在电流互感器的副绕组中，绝对不允许安装熔断器，副绕组不接电表时要短路。若要拆下运行中的电流表，必须先把副绕组短接后才能拆下。

（2）电流互感器的铁芯和副绕组的一端都必须可靠接地，以防止高、低压绕组间的绝缘层损坏时危及仪表或人身安全。

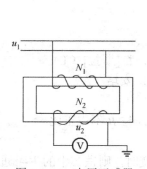

图 3-1-14　电压互感器

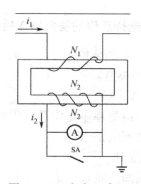

图 3-1-15　电流互感器

练习与思考 9

一、填空题

1. 通电线圈产生的磁通主要集中在由铁芯构成的闭合路径内，这种磁通集中通过的路径称为_____，用于产生磁场的电流称为_____。

2. 磁感应强度是描述空间某点磁场强弱与方向的物理量。它是一个_____，其方向与该点_____方向一致，与产生该磁场的电流之间的方向关系符合_____。

3．磁场中某点的磁场强度 H 的大小等于该点的_____。

4．变压器是根据_____原理制成的一种静止的电气设备。它具有_____、_____、_____等作用。被广泛应用于电力系统、测量系统、电子线路和电子设备中。

5．电压互感器在运行时副绕组绝对_____。使用时低压侧要_____保护。

6．电流互感器在运行时副绕组绝对_____。在电流互感器的副绕组中，绝对不允许_____、副绕组不接电表时要_____。

二、判断题（正确的打√，错误的打×）

1．磁路欧姆定律适用于铁芯的饱和状态。（　　）

2．电路有直流和交流之分，磁路也分为直流磁路和交流磁路。（　　）

3．绕组是变压器的电路部分，一般用高强度漆包铜线（也可用铝线）绕制而成。（　　）

4．变压器负载运行时，其原绕组和副绕组电流有效值之比，等于它们的匝数比。（　　）

5．电压互感器的原绕组匝数较少，副绕组匝数较多。（　　）

6．电流互感器的原绕组匝数很少（可少至一匝），导线粗，不可以直接串入被测大电流电路中。（　　）

三、选择题（选择正确的答案填入括号内）

1．磁感应强度 B 的单位是（　　）。
  A．韦[伯]（WB）　　　　　　　　B．特[斯拉]（T）
  C．伏秒（V·s）　　　　　　　　D．安培（A）

2．磁性物质的磁导率不是常数，因此（　　）。
  A．B 与 H 不成正比　　　　　　B．与 B 不成正比
  C．与 I 成正比

3．交流铁芯线圈的匝数一定，当电压频率不变时，则铁芯中的主磁通的最大值基本上决定于（　　）。
  A．磁路结构　　　　　　　　　　B．线圈阻抗
  C．电源电压

四、问答题

1．什么是磁性材料的磁滞性？

2．什么是涡流？如何减小涡流损耗？涡流可以在哪些场合加以利用？

3．什么是变压器的阻抗变换作用？

4．什么是变压器的空载电流？其主要作用是什么？

5．自耦变压器在结构上有什么特点？在使用时应注意什么？

6．电流互感器使用规则有哪些？

五、分析计算题

1. 有一台单相变压器的额定电压为 3300/220V，其高压侧绕组为 5000 匝，则低压绕组的匝数为多少？若该变压器的额定容量为 30kVA，则高压侧和低压侧的额定电流分别为多少？

2. 有一台单相变压器，额定容量为 30kVA，额定电压为 6600/220V，欲在副绕组接上 40W、220V 的白炽灯，并要求变压器在额定负载下运行，此种电灯可接多少个？

3. 有一台单相变压器，额定容量为 10kVA，二次侧额定电压为 220V，要求变压器在额定负载下运行。求（1）二次侧能接 220V、60W 的白炽灯多少个？（2）若改接 220V、40W，功率因数为 0.44 的日光灯（假设镇流器的消耗可以忽略），可接多少个？

4. 将 R_L 为 8Ω 的负载接在一单相变压器的二次侧，已知 N_1=300 匝，N_2=100 匝，信号源的电动势为 5V，内阻为 100Ω，求信号源输出的功率。

项目四

电动机及控制技术

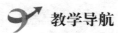 教学导航

本项目介绍电动机及其控制系统。主要有电动机及控制基础、三相异步交流电动机、常用低压电器、继电接触控制系统。

任务 4-1　电动机正反转控制

1．任务目标

（1）了解电动机的基本知识；
（2）了解低压电器的符号与用法；
（3）掌握电机的基本控制方法。

2．元件清单

（1）三相异步电动机 1 台；
（2）交流接触器 2 个；
（3）按钮若干；
（4）热继电器 1 个；
（5）组合开关 1 个；
（6）端子排、导线若干；
（7）低压熔断器若干。

3．实践操作

（1）阅读如图 4-1-1 所示电气原理图，对照如图 4-1-4 所示听教师讲解各个电器元件的实物图及简单原理。线路中采用了两个接触器，即正转用的接触器 KM_1 和反转用的接触器 KM_2，分别由正转启动按钮 SB_1 和反转启动按钮 SB_2 控制。从主电路中可以看出，这两个接触器的主触头所接通的电源相序不同，KM_1 按 L_1-L_2-L_3 相序接线，KM_2 则按 L_3-L_2-L_1 相序接线。相应的控制电路有两条，一条是由 SB_1 和 KM_1 线圈等组成的正转控制电路；另一条是由 SB_2 和 KM_2 线圈等组成的反转控制电路。

（2）按照如图 4-1-2 所示元件布置图固定电器元件，要求固定可靠，防止元件脱离。

（3）按照如图 4-1-3 所示接线图进行线路连接，注意电线规格，不可选太细的导线以免出现故障。

（4）接线完成后，自己一定要对照接线图和原理图仔细检查，用万用表检查各电气连接点是否导通，不该导通的地方是否断开。检查无误后通知教师检查。

（5）教师检查无误后即可上电实验。

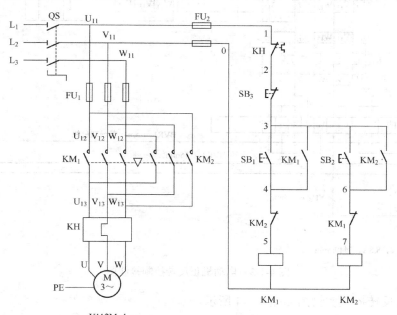

图 4-1-1　电动机正反转控制原理图

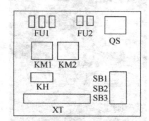

图 4-1-2　电动机正反转控制元件布置图

（6）教师检查无误后即可上电实验。

（7）先合上电源开关 QS，然后按下按钮 SB_1，是否听到 KM_1 闭合时"砰"的声音，同时观察 KM_1 主触头是否闭合，然后观察电动机 M 是否启动连续正转。

（8）按下 SB_3，是否听到 KM_1 复位时"砰"的声音，观察 KM_1 触头是否恢复初始状态，电动机 M 是否失电停止转动。

（9）按下 SB_2，是否听到 KM_2 闭合时"砰"的声音，同时观察 KM_2 主触头是否闭合，然后观察电动机 M 是否启动连续反转。

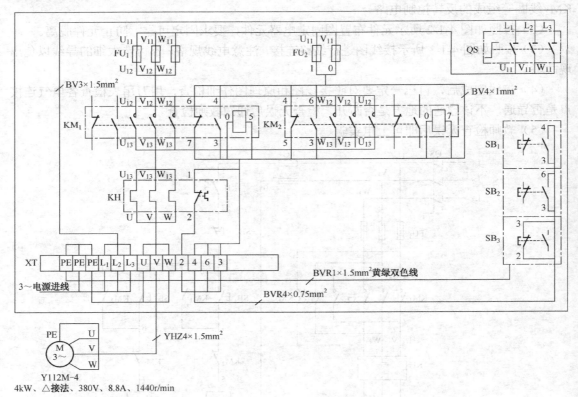

图 4-1-3　电动机正反转控制接线图

电动机正反转控制实物图如图 4-1-4 所示。

图 4-1-4　电动机正反转控制实物图

（10）按下 SB_3，是否听到 KM_2 复位时"砰"的声音，观察 KM_2 触头是否恢复初始状态，电动机 M 是否失电停止转动。

（11）关闭电源开关 QS，完成实验。

 知识链接

4.1　三相交流异步电动机的结构与工作原理

4.1.1　三相交流异步电动机的基本结构

三相交流异步电动机由两个基本部分组成，固定不动的部分称为定子，转动的部分称为转子，其结构如图 4-1-5 所示。为了保证转子能在定子腔内自由地转动，定、转子之间需要留有 0.2～2mm 的空气隙。

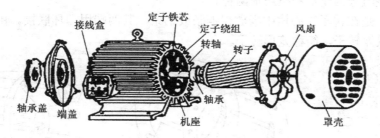

图 4-1-5　三相异步电动机的结构

1. 定子

定子由机座、定子铁芯和定子绕组三部分组成，如图 4-1-6 所示。

（1）机座：主要用来固定定子铁芯和定子绕组，并以前后两个端盖支承转子的转动，其外表还有散热作用。

（2）定子铁芯：是电机磁路的一部分，为了减少磁滞和涡流损耗，它常用 0.35 或 0.5mm 厚的硅钢片叠装而成，铁芯内圆上冲有均匀分布的槽，以便嵌放定子绕组。

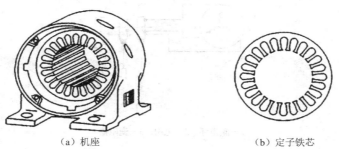

（a）机座　　　　　　　　　　　　（b）定子铁芯

图 4-1-6　电动机定子图

（3）定子绕组：是电机的电路部分，一般采用高强度聚酯漆包铜线或铝线绕制而成。三相定子绕组对称分布在定子铁芯槽中，可根据需要接成星形（Y）或三角形（△）。

电动机定子绕组接线方式如图 4-1-7 所示。

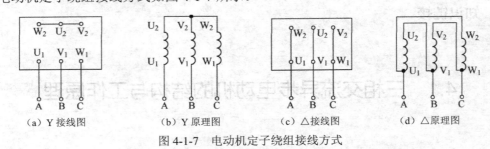

（a）Y 接线图　　　（b）Y 原理图　　　（c）△接线图　　　（d）△原理图

图 4-1-7　电动机定子绕组接线方式

2. 转子

转子由转子铁芯、转子绕组和转轴三部分组成。电动机转子如图 4-1-8 所示。

（1）转子铁芯也是电机磁路的一部分，它常用 0.5mm 厚的硅钢片叠装成圆柱体，并紧固在转轴上。铁芯外圆上冲有均匀分布的槽，以便嵌放转子绕组。

（2）转子绕组分为笼形和绕线形两种。

笼形绕组：是在转子铁心槽中嵌放裸铜条或铝条，其两端用端环联接。由于形状与鼠笼相似，故又叫鼠笼转子，简称笼形转子。

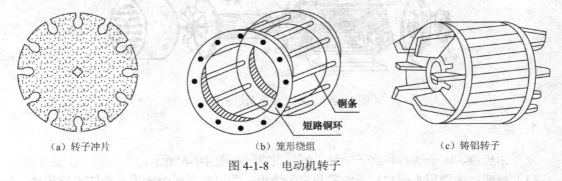

（a）转子冲片　　　　　　（b）笼形绕组　　　　　　（c）铸铝转子

图 4-1-8　电动机转子

绕线式转子绕组：与定子绕组相似，也是由绝缘的导线绕制而成的三相对称绕组，其极数与定子绕组相同。转子绕组一般接成星形，三个首端分别接到固定在转轴上的三个滑环（也称集电环）上，由滑环上的电刷引出与外加变阻器联接，构成转子的闭合回路，如图 4-1-9 所示。

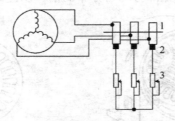

1—集电环；2—电刷；3—变阻器

图 4-1-9　绕线式转子联结示意图

③ 转轴

转轴的作用是支承转子，传递和输出转矩，并保证转子与定子之间圆周有均匀的空气隙。转轴一般用中碳钢棒料经车削加工而成。

3．空气隙

空气隙也是电机主磁路的一部分，气隙越小，磁阻越小，功率因数越高，空载电流也就越小。中小型电动机的气隙一般为 0.2～2mm。

4.1.2　三相交流异步电动机的铭牌数据

1．型号

三相交流异步电动机的型号如图 4-1-10 所示。

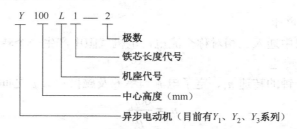

图 4-1-10　三相交流异步电动机的型号

2．额定数据

（1）额定功率：也称额定容量，指电动机在额定工作状态下运行时转轴上输出的机械功率。单位为瓦［特］（W）或千瓦［特］（kW）。

（2）额定电压：电动机定子绕组规定使用的线电压。单位为伏［特］（V）。

（3）额定电流：指电动机在额定电压下，输出额定功率时，流过定子绕组的线电流。单位为安［培］（A）。

（4）额定频率：指电机所接交流电源的频率，单位为赫［兹］（Hz）。我国规定电力网的频率为 50Hz。

（5）额定转速：指电动机在额定电压、额定频率及额定输出功率的情况下，转子的转速。单位为转/分（r/min）。

（6）接法：指电动机定子绕组的连接方式，常用的接法为星形（Y）和三角形（△）两种。

（7）绝缘等级：指电动机绕组所采用的绝缘材料的耐热等级，它表明了电动机所允许的最高工作温度。

（8）定额：指电动机在额定条件下，允许运行的时间长短。一般有连续、短时和断续周期三种工作制。

4.1.3 三相交流异步电动机的工作原理

1. 工作原理

三相对称定子绕组中通入三相对称交流电，气隙中产生一个转速为 n_1 的旋转磁场，该磁场将切割转子绕组，在转子绕组中产生感应电动势，由于转子绕组是闭合的，则会在转子绕组中产生感应电流，转子中的感应电流又处于定子旋转磁场中，与磁场相互作用而产生电磁转矩。从而使转子沿着旋转磁场的方向旋转起来。但转子的转速永远小于旋转磁场的转速，只有保持一定的转速差，才能使转子导体相对磁场产生切割运动而产生感应电流。如果没有切割运动，就不会产生感应电流，也就不会产生电磁转矩，当然转子就无法旋转起来。异步电动机的名称就是由此而得来的，又由于这种电机是借助于电磁感应而传递能量的，故又称为感应式异步电动机。

2. 旋转磁场 n_1

1）旋转磁场 n_1 的产生

三相对称定子绕组中通入三相对称交流电，电机气隙中产生一个转速为 n_1 的旋转磁场。

2）旋转磁场 n_1 的转速

定子旋转磁场每分钟的转速 n_1、定子电流频率 f_1 及磁极对数 p 之间的关系是：

$$n_1 = \frac{60f_1}{p}$$

3）旋转磁场 n_1 的转向

旋转磁场的转向由定子绕组中通入的电流的相序来决定，欲改变旋转磁场的转向，只需要改变通入三相定子绕组中电流的相序，即把三相定子绕组首端的任意两根与电源相连的线对调，就改变了定子绕组中电流的相序，旋转磁场的转向也就改变了，如图 4-1-11 所示。

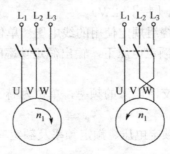

图 4-1-11　三相交流异步电动机转速方向的调节

4.2　三相交流异步电动机的应用

三相交流异步电动机的使用主要包括电机的启动、反转、调速和制动等内容。下面重点介绍启动与反转的应用。

1．交流异步电动机的启动

异步电动机接入三相电源后，转子从静止状态过渡到稳定运行状态的中间过程叫做启动。异步电动机的启动电流大与启动转矩小是启动时存在的主要问题。

1）直接启动

所谓直接启动，就是将电动机的定子绕组直接接到具有额定电压的三相电源上，故又称全压启动。直接启动的优点是启动设备和操作都比较简单，缺点是启动电流大、启动转矩小。

直接启动电动机，供电部门一般规定如下。

用电单位有独立的变压器供电，若电动机启动频繁，当电动机容量小于变压器容量的20%时，允许直接启动；若电动机不是频繁启动，则其容量小于变压器容量的30%时，允许直接启动。

用电单位没有独立的供电变压器，以电动机启动时电源电压的降低量不超过额定电压的5%为原则。

2）降压启动

所谓降压启动，就是在电动机启动时采用启动设备，降低加在电动机定子绕组上的电压来限制启动电流，待启动完毕电动机达到额定转速时再恢复至全压，使电动机正常运行。

降压启动在减少启动电流的同时，也会使启动转矩下降较多，故降压启动只适用于在空载或轻载下启动的电动机。

常用的降压启动方法有：Y-△降压启动；自耦变压器降压启动；电子软启动器启动。

2．交流异步电动机的反转

电动机转子的旋转方向与旋转磁场的转向相同，假若需要电动机反转，只要改变其旋转磁场的转向即可。故，只要将三根电源线中的任意两根对调，改变接入电动机电源的相序，就能实现电动机的反转。

3．三相交流异步电动机的选用

三相交流异步电动机是电力拖动系统中的主要动力，在拖动系统中，电动机的选择包括确定电动机的种类、电动机的结构型式、电动机的额定电压、额定转速和额定功率等。

4.3　常用低压电器及继电接触控制系统

低压电器是现代工业过程自动化的重要部件，它们是组成电气设备的基础配套元件。低压电器包括了配电电器和控制电器。由按钮、接触器、继电器等低压电器组成，可以实现远距离控制的电气控制系统被称为继电接触控制系统。

它能实现电力拖动系统的启动、反转、制动、调速和保护，实现生产过程的自动化。

1. 常用低压电器

低压电器，通常是指工作在交流电压 1200V 及其以下或直流电压 1500V 及其以下的电路中，起通断、控制、检测、保护和调节作用的电气设备。

低压电器的种类很多，就其用途或控制的对象不同，主要可分为两大类，即低压配电电器（如刀开关、转换开关、低压断路器、熔断器等）和低压控制电器（如接触器、继电器、主令电器等）。

1）刀开关

刀开关是一种非自动切换的配电电器，主要用作低压电源（电压在 500V 以下）的引入开关，使用时为确保维修人员的安全，由其将负载电路和电源明显隔开。

HK 系列刀开关实物、结构及符号如图 4-1-12 所示。

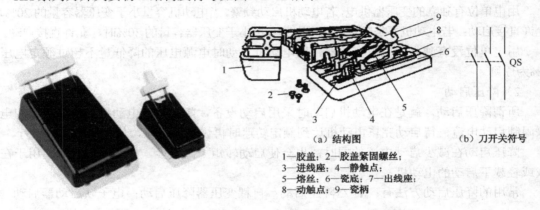

（a）结构图　　　　　　　（b）刀开关符号

1—胶盖；2—胶盖紧固螺丝；
3—进线座；4—静触点；
5—熔丝；6—瓷底；7—出线座；
8—动触点；9—瓷柄

图 4-1-12　HK 系列刀开关实物、结构及符号

刀开关的结构简单，其极数有单极、两极和三极三种，每种又有单投与双投之分。

应当注意：在安装刀开关时电源进线应接在静触头（刀座）上，负载则接在可动刀片一端。如此，断开电源时裸露在外的触刀就不会带电。

HK2 系列开启式负荷开关（瓷底胶盖刀开关），它的闸刀装在瓷质底座上，每相还附有熔体，主要用作照明电路和功率小于 5.5kW 电动机的主电路中不频繁通断的控制开关。

2）组合开关

组合开关又名转换开关，也是一种刀开关，不过它的刀片是转动式的。

组合开关的结构比较紧凑，其实质是一种具有多触点、多位置的刀开关，有单极、双极、多极之分。除用作电源的引入开关外，还被用来直接控制小容量电动机及控制局部照明电路等。

组合开关外形及符号如图 4-1-13 所示。

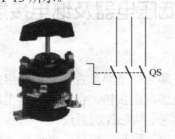

图 4-1-13　组合开关外形及符号

3）主令电器

主令电器是电气控制系统中，用于发送控制指令的非自动切换的小电流开关电器。利用它控制接触器、继电器或其他电器，使电路接通和分断来实现对生产机械的自动控制。

主令电器应用广泛，种类繁多，主要有按钮、行程开关、接近开关、万能转换开关、主令控制器等。

（1）按钮

按钮又称按钮开关，是一种用来短时接通或分断小电流电路的手动控制电器。

常用的按钮能够自动复位，通常它远距离发出"指令"控制继电器、接触器等电器，再由它们去控制主电路的通断。

按钮结构、符号及名称如图 4-1-14 所示。

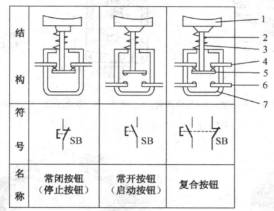

1—按钮帽；2—复位弹簧；3—支柱连杆；4—常闭静触头；5—桥式动触头；6—常开静触头；7—外壳

图 4-1-14　按钮结构、符号及名称

复合按钮的动作原理是：

按下按钮，常闭触点先断开，常开触点后闭合；松开按钮，常开触点先恢复断开，常闭触点后恢复闭合，这就是按钮的自动复位功能。为便于识别按钮的作用，避免误操作，通常在按钮帽上做出不同标志或用不同颜色，以示区别。红色表示停止，绿色表示启动。

按钮的结构形式有紧急式、钥匙式、旋钮式、揿钮式、带灯式、打碎玻璃式等。常用型号有 LA10、LA18、LAY5、BS、COB 系列等，如图 4-1-15 所示。

图 4-1-15　不同外形的按钮

（2）行程开关

行程开关是一种利用生产机械的某些运动部件的碰撞来发出控制指令的主令电器。用于控制生产机械的运动方向、速度、行程大小或位置。若将行程开关安装于生产机械行程的终点处，以限制其行程，则又称为限位开关或终点开关。常用型号有 LX19、LX22、LX32、LX33、JLXK1、LXW-11 和引进的 3SE3 等系列。行程开关的结构与符号如图 4-1-16 所示。行程开关的外形如图 4-1-17 所示。

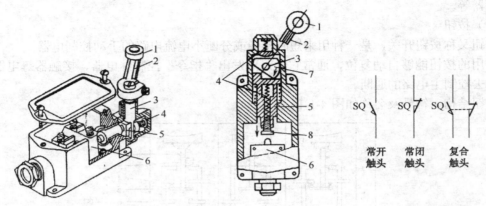

1—滚轮；2—杠杆；3—转轴；4—复位弹簧；5—撞块；6—微动开关；7—凸轮；8—调节螺钉

图 4-1-16　行程开关的结构与符号

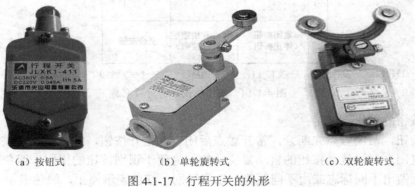

（a）按钮式　　　　　　（b）单轮旋转式　　　　　　（c）双轮旋转式

图 4-1-17　行程开关的外形

（3）接近开关

接近开关又称无触点行程开关，当运动的物体（如金属）与之接近到一定距离，则发出接近信号，它不仅可完成行程控制和限位保护，还可实现高速计数、测速、物位检测等。按照工作原理，接近开关可以分为电感式、电容式、差动线圈式、永磁式、霍尔式、超声波式等，其中电感式最为常用。

常用型号有国产的 3SG、LJ、SJ、AB、LXJ0 等系列，德国西门子公司的 3RG4、3RG6、3RG7、3RG16 等系列。

（4）万能转换开关

万能转换开关是一种由多组相同结构的开关元件叠装而成，用以控制多回路的主令电器，由凸轮机构、触头系统和定位装置构成。主要用于控制高压油断路器、空气断路器等操作结构的分合闸、各种配电设备中线路的换接、遥控和电压表、电流表的换向测量等；也可以用于控制小容量电动机的启动、换相和调速。由于用途广泛，故称为万能转换开关。

常用型号有 LW5 和 LW6 系列。

（5）主令控制器

主令控制器是一种用来较为频繁地切换复杂的多回路控制电路的主令电器。它一般由触头、凸轮、转轴、定位机构等组成。主令控制器主要用于轧钢、大型起重机及其他生产机械的电力拖动控制系统中对电动机的启动、制动和调速等做远距离控制。

常用型号有 LK1、LK5、LK6、LK14 等系列。

4）接触器

接触器是用来频繁接通和断开交直流主电路及大容量控制电路的一种自动切换电器，并具有低压释放、欠压失压保护功能。接触器结构与符号如图 4-1-18 所示。

电磁式接触器利用电磁吸力与弹簧反力配合，使触点闭合与断开。它还具有低压释放保护功能，是电力拖动自动控制系统中最重要的控制电器之一。

接触器的分类较多，按照接触器主触点通过的电流种类，可分为直流接触器和交流接触器。电磁式交流接触器主要由电磁系统、触点系统和灭弧装置三大部分组成。

（1）电磁系统

电磁系统由吸引线圈、静铁芯和动铁芯（也称衔铁）组成。为了减少涡流与磁滞损耗，铁芯用硅钢片叠压铆成，为了减少接触器吸合时产生的振动和噪音，在铁芯上装有短路环。

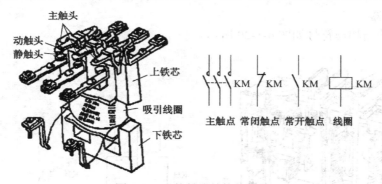

图 4-1-18　接触器结构与符号

（2）触点系统

采用桥式触点，由静触点和动触点组成，常用银或银合金制成。

按功能不同，触点分为主触点和辅助触点两类，主触点接触面积较大，并具有断弧能力，用于通、断主电路，一般由三对常开触点组成。辅助触点额定电流较小（一般不超过 5A），有常开、常闭两种，常用来通、断电流较小的控制回路。

（3）灭弧装置

在分断大电流或高电压电路时，起着熄灭电弧的作用。常用金属栅片灭弧、窄缝灭弧等。

交流接触器的工作原理如下：

当线圈通电（俗称线圈得电），产生磁场，产生电磁吸力，衔铁克服弹簧反力被吸合，常闭触点断开，常开触点闭合；当线圈断电时（俗称线圈失电），电磁吸力消失，衔铁在弹簧反力的作用下复位，带动主、辅触点恢复原来状态。

5）熔断器

熔断器是利用物质过热熔化的性质制成的保护电器。主要由熔体和安装熔体的熔管或熔座两部分组成。熔体主要是用高电阻率低熔点的铅锡合金或低电阻率高熔点的银铜合金制成的，使用时将其串接在被保护的电路中。熔管是熔体的保护外壳，由陶瓷、绝缘钢纸或玻璃纤维制成，有的里面还装有填充料（如石英砂），在熔体熔断时兼起灭弧的作用。

熔断器串联在所保护的电路中，当电路发生短路故障或严重过载时，通过熔体的电流达到或超过了某一规定值时，熔体因其自身产生的热量将会熔断，从而切断电路，起到保护电路的目的。

熔断器外形与符号如图 4-1-19 所示。

图 4-1-19　熔断器外形与符号

6）热继电器

热继电器的结构与符号如图 4-1-20 所示。

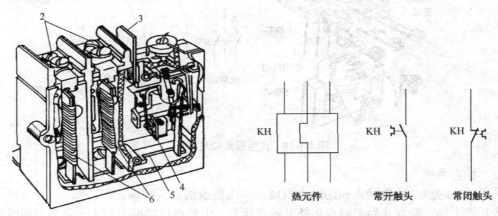

1—电流整定装置；2—主电路接线柱；3—复位按钮；4—常闭触头；5—传动机构；6—热元件

图 4-1-20　热继电器的结构与符号

热继电器是利用电流热效应原理来推动动作机构，使触点系统闭合或分断的保护电器，常用来作电动机的过载保护、缺相保护和电流不平衡保护控制。热继电器主要由热元件、双金属片、触点系统和动作机构等几部分组成。

热元件是一段电阻不太大的电阻片（或电阻丝），串接在电动机的主电路中。其常闭触点串接在控制电路中。

7）时间继电器

时间继电器是一种利用各种延时原理（例如电磁原理或机械动作）来延迟触点的闭合或分断的自动控制电器。按动作原理可分为电磁阻尼式、空气阻尼式、电动式和电子式等；空气阻尼式时间继电器又称气囊式时间继电器，它是利用空气阻尼原理来获得延时，主要由电磁机构、延时机构、工作触点等构成。按延时方式可分为通电延时型和断电延时型两种。

断电延时型时间继电器符号如图 4-1-22 所示。

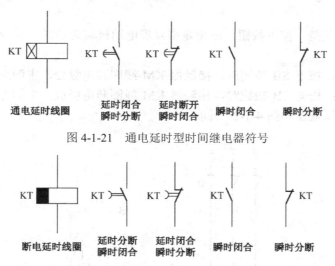

图 4-1-21　通电延时型时间继电器符号

图 4-1-22　断电延时型时间继电器符号

8）低压断路器

低压断路器的结构与符号如图 4-1-23 所示。

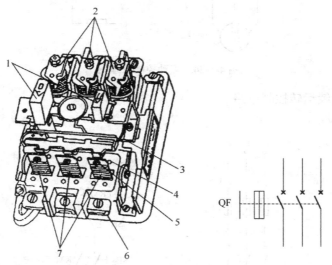

1—电流整定装置；2—主电路接线柱；3—复位按钮；4—常闭触头；5—传动机构；6—热元件

图 4-1-23　低压断路器的结构与符号

低压断路器又称自动空气开关或自动空气断路器。在低压电路中，用于分断和接通负荷电路，不频繁地启动异步电动机，对电源线路及电动机等实行保护。其作用相当于刀开关、热继电器、熔断器和欠电压继电器的组合。可以实现短路、过载、欠压和失压保护，是低压电器中应用较广的一种保护电器。

低压断路器由触头系统、灭弧装置、脱扣器和操作机构等部分组成。

2. 三相笼型异步电动机的基本控制电路

1）点动控制

所谓点动控制就是：按下按钮，三相笼型异步电动机启动运转；松开按钮，三相笼型异步电动机断电停转。

点动控制原理：按下 SB 按钮时，接触器 KM 线圈通电吸合，主触点闭合，三相笼型异步电动机启动旋转；松开 SB 按钮时，接触器 KM 线圈断电释放，主触点断开，三相笼型异步电动机停转，其原理图如图 4-1-24 所示。

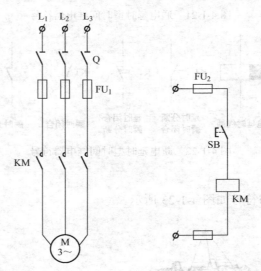

图 4-1-24　点动控制原理图

2）电动机的连续运转控制电路

（1）电动机启动

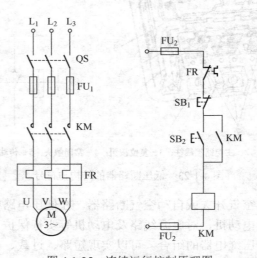

图 4-1-25　连续运行控制原理图

按下启动按钮 SB_2，接触器 KM 线圈通电并吸合，主触点 KM 闭合，电动机启动旋转，同时与 SB_2 并联的常开辅助触点 KM 也闭合。当松开按钮 SB_2 时，KM 线圈仍可通过其自身的常开辅助触点这条路径来继续保持通电，从而使电动机获得连续运转，其连续运行控制原理图如图 4-1-25 所示。

（2）自锁

我们把接触器依靠自身的常开触点使线圈保持通电的效果称为自锁（俗称自保），此时，这对常开辅助触点称为自锁触点。

（3）电动机停转

按下停车按钮 SB_1，接触器 KM 线圈断电并释放，其主触点和自锁触点均分断，切断接触器线圈电路和电动机电源，电动机断电停转。

（4）保护环节

短路保护：由熔断器 FU_1 作主电路的短路保护、FU_2 作控制电路的短路保护。

过载保护：热继电器 FR 用作电动机的过载保护和缺相保护。

欠压和失压（零压）保护：这种电路本身具有失压和零压保护功能。在电动机运行中，当电源电压降低于额定电压的 85% 以下时，接触器线圈磁通量减小，电磁吸力不足，使衔铁释放，主触点和自锁触点断开，电动机停转，实现欠压保护；在电动机运行中，电源突然停电，电动机停转。当电源恢复供电时，电动机不会自行工作，实现了失压保护。

3）电动机的正反转控制

只要改变电动机定子绕组的三相交流电源相序，就可实现电动机的正、反转。因此可采用两个接触器来实现不同电源相序的换接。

（1）接触器控制正反转

接触器控制正反转控制图如图 4-1-26 所示。

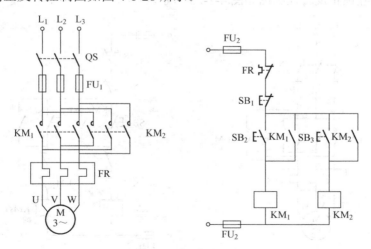

图 4-1-26 接触器控制正反转控制图

（2）接触器互锁正、反转控制

① 工作原理

互锁：在同一时间里两个接触器只允许一个工作的控制作用称为互锁或联锁。

互锁触点：在正、反两个接触器中互串一个对方的动断触点，这对动断触点称为互锁触点或连锁触点。

② 互锁控制的规律

当要求甲接触器工作时，乙接触器就不能工作，此时应在乙接触器的线圈电路中串入甲接触器的常闭触点。

当要求甲接触器工作时，乙接触器就不能工作，而乙接触器工作时甲接触器也不能工作，此时两个接触器线圈电路互串对方的常闭触点。

接触器互锁正反转控制图如图 4-1-27 所示。

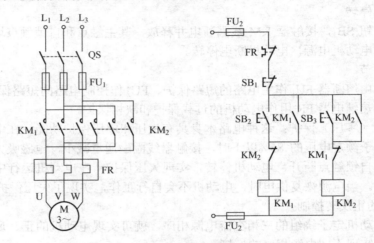

图 4-1-27　接触器互锁正反转控制图

（3）双重互锁正反转控制

接触器双重互锁正反转控制图如图 4-1-28 所示。

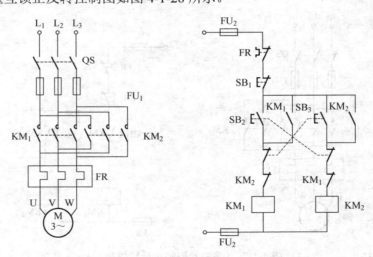

图 4-1-28　接触器双重互锁正反转控制图

4）电动机的 Y/△降压启动

（1）额定电压运行时定子绕组接成三角形的三相笼型异步电动机，可以采用 Y/△降压启动方式来实现限制启动电流的目的。

（2）电动机启动时，定子绕组接成星形，启动快运转后再接成三角形全压运行。

（3）Y/△降压启动，仅适用于空载或轻载启动的场合。

Y/△降压启动控制原理图如图 4-1-29 所示。

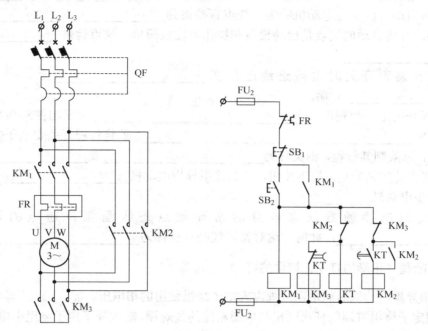

图 4-1-29　Y/△降压启动控制原理图

（4）电路控制原理

合上电源开关 QF，按下启动按钮 SB₂，接触器 KM₁、KM₃ 得电自锁，电动机定子绕组星形接线，降压启动；同时时间继电器 KT 得电延时，当延时时间到，KT 常闭触点断开，KM₃ 失电，KT 常开触点闭合使 KM₂ 得电自锁，电动机定子绕组换接为三角形全压运行。当 KM₂ 得电后，其常闭触点断开使 KT 失电，以免 KT 长期通电。KM₂、KM₃ 的常闭触点为互锁触点，以防止电动机定子绕组同时联接成星形和三角形造成电源短路。时间继电器 KT 延时动作时间，就是电动机接成形的降压启动过程时间。

练习与思考 10

一、填空题

1．三相交流异步电动机由两个基本部分组成，固定不动的部分称为＿＿＿＿＿＿，转动的部分称为＿＿＿＿＿。

2．定子由＿＿＿＿＿、＿＿＿＿＿和＿＿＿＿＿三部分组成。

3．转子由＿＿＿＿＿、＿＿＿＿＿和＿＿＿＿＿三部分组成。

4．额定功率，也称额定容量，指电动机在额定工作状态下运行时转轴上输出的

_____。

5．异步电动机是借助于电磁感应而传递能量的，故又称为_____。

6．直接启动，就是将电动机的定子绕组直接接到_____上，故又称全压起动。直接启动的优点是启动设备和操作都比较简单，缺点就是_____大、_____小。

7．在安装刀开关时电源进线应接在_____上，负载则接在_____一端。

8．行程开关是一种利用_____来发出控制指令的主令电器。用于控制_____。若将行程开关安装于生产机械行程的终点处，以限制其行程，则又称为_____或_____。

9．所谓点动控制就是：按下按钮，三相笼型异步电动机_____；松开按钮，三相笼型异步电动机_____。

10．我们把接触器依靠自身的常开触点使线圈保持通电的效果称为_____，此时，这对常开辅助触点称为_____。

二、判断题（正确的打√，错误的打×）

1．三相异步电动机的额定电压规定为定子绕组使用的相电压。（　　）

2．三相定子绕组首端的任意两根与电源相连的线对调，就改变了定子绕组中电流的相序，旋转磁场的转向也就改变了。（　　）

3．接近开关又称无触点行程开关，当运动的物体（如金属）与之接近到一定距离，则发出接近信号，它不仅可完成行程控制和限位保护，还可实现高速计数、测速、物位检测等。（　　）

三、选择题（选择正确的答案填入括号内）

1．三相异步电动机转子的转速总是（　　）。
   A．与旋转磁场转速相等　　　　　B．与旋转磁场转速无关
   C．低于旋转磁场的转速　　　　　D．高于旋转磁场的转速

2．某一 50Hz 的三相异步电动机的额定转速为 2890r/min，则其转差率为（　　）。
   A．3.7%　　　B．3.7%　　　C．2.5%　　　D．2%

3．三相异步电动机铭牌上所标的功率是指它额定运行时的（　　）。
   A．视在功率　　　B．输入电功率　　　C．轴上输出的机械功率

4．三相异步电动机功率因数 $\cos\varphi$ 的 φ 角是指在额定负载下（　　）。
   A．定子线电压与线电流之间的相位差　　B．定子相电压与相电流之间的相位差
   C．转子相电压与相电流之间的相位差

5．三相异步电动机的转矩 T 与定子每相电源电压 U_1（　　）。
   A．成正比　　　B．平方成正比　　　C．无关

6．热继电器在电路中起（　　）作用。
   A．过载保护　　　B．欠压保护　　　C．零压保护　　　D．短路保护

四、问答题

1．三相异步电动机的旋转磁场是如何产生的？

2．简述三相异步电动机的工作原理。

3．如何改变三相异步电动机转子的转向？

4．依据转子的结构不同可以将三相异步电动机分为哪几种？

5．Y-△角启动方法适用于什么场合？星形启动和三角形启动的起动电流有什么关系？

6．电动机的启动电流大有什么危害？

7．简述三相异步电动机能耗制动的原理。

8．熔断器在电路中起什么作用？

9．什么是零压保护？什么是欠压保护？

五、分析计算题

1．如图 4-1-30 所示为一控制电路，试分析该控制电路中什么地方画错了？加以更正。

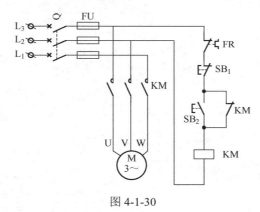

图 4-1-30

2．如图 4-1-31 所示的控制电路，指出哪个元件是停止按钮？哪个元件起自锁作用？哪个元件起互锁作用？

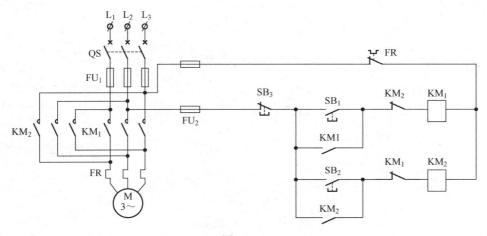

图 4-1-31

3．当电源频率为50Hz时，两极电动机的同步转速为多少？

4．一台三相异步电动机铭牌上标明 $f_N = 50Hz$，$n_N = 960r/min$，该电动机的磁极对数是多少？

5．有一台三相异步电动机，其额定转速为1470 r/min，电源频率为50Hz，求在起动瞬间和转差率为0.02两种情况下，（1）定子旋转磁场对定子的转速；（2）定子旋转磁场对转子的转速。

6．试设计一个两台电动机顺序启动、逆序停止的控制线路。

项目五

电气安全知识

📡 教学导航

本项目介绍电气安全的基本知识、触电概念和触电急救。主要介绍触电后的急救方法，触电的概念、触电的方式、触电种类、安全用电的保护措施。

任务 5-1 触电的急救方法

1．任务目标

（1）了解触电的原因。

（2）掌握触电的几种方式及安全用电的原则。

（3）明确触电后的急救原则与方法。

2．元件清单

（1）橡皮人若干；

（2）绝缘棒若干；

（3）绝缘手套，绝缘靴若干；

（4）模拟实验台 1 个；

3．实践操作

1）实验前准备工作

（1）首先老师介绍触电后特征及急救的方法。人触电以后，会出现神经麻痹、呼吸困难、血压升高、昏迷、痉挛，直至呼吸中断、心脏停跳等险象，呈现昏迷不醒的状态。如果未见明显的致命外伤，就不能轻率地认定触电者已经死亡，而应该看作是"假死"，施行急救。有效的急救在于快而得法。即用最快的速度，施以正确的方法进行现场救护，多数触电者是可以复活的。触电急救的第一步是使触电者迅速脱离电源，第二步是现场救护。

（2）五人一组，一人模拟接触火线后触电，其他四人进行急救。

2）模拟使触电者脱离电源

电流对人体的作用时间越长，对生命的威胁越大。所以，触电急救的关键是首先要使触电者迅速脱离电源。四名急救的同学对低压电源和高压电源分别模拟如下几种方法使触电者脱离电源：

（1）脱离低压电源的方法

脱离低压电源的方法可用"拉""切""挑""拽"和"垫"五字来概括：

"拉"，指就近拉开电源开关、拔出插销或瓷插式保险。此时应注意拉线开关是单极的，只能断开一根导线，有时由于安装不符合规程要求，把开关安装在零线上。这时虽然断开了开关，人身触及的导线可能仍然带电，这就不能认为已切断电源。

"切"，指用带有绝缘柄的利器切断电源线。当电源开关、插座或瓷插式保险距离触电现场较远时，可用带有绝缘手柄的电工钳或有干燥木柄的斧头、铁锹等利器将电源线切断。切断时应防止带电导线断落触及周围的人体。多芯绞合线应分相切断，以防短路伤人。

"挑"，如果导线搭落在触电者身上或压在身下，这时可用干燥的木棒、竹竿等挑开导线或用干燥的绝缘绳套拉开导线或触电者，使之脱离电源。

"拽"，救护人可戴上手套或在手上包缠干燥的衣服、围巾、帽子等绝缘物品拖拽触电者，使之脱离电源。如果触电者的衣裤是干燥的，又没有紧缠在身上，救护人可直接用一只手抓住触电者不贴身的衣裤，将触电者拉脱电源。但要注意拖拽时切勿触及触电者的体肤。救护人亦可站在干燥的木板、木桌椅或橡胶垫等绝缘物品上，用一只手把触电者拉脱电源。

"垫"，如果触电者由于痉挛手指紧握导线或导线缠绕在身上，救护人可先用干燥的木板塞进触电者身下使其与地绝缘来隔断电源，然后再采取其他办法把电源切断。

（2）脱离高压电源的方法

由于装置的电压等级高，一般绝缘物品不能保证救护人的安全，而且高压电源开关距离现场较远，不便拉闸。因此，使触电者脱离高压电源的方法与脱离低压电源的方法有所不同，四名同学分别可以按照通常的做法进行模拟，方法如下：

① 立即模拟打电话通知有关供电部门拉闸停电。

② 如电源开关离触电现场不远，则可戴上绝缘手套，穿上绝缘靴，拉开高压断路器，或用绝缘棒拉开高压跌落保险以切断电源。

③ 往架空线路抛掷裸金属软导线，人为造成线路短路，迫使继电保护装置动作，从而使电源开关跳闸。抛掷前，将短路线的一端先固定在铁塔或接地引线上，另一端系重物。抛掷短路线时，应注意防止电弧伤人或断线危及人员安全，也要防止重物砸伤人。

④ 如果触电者触及断落在地上的带电高压导线，且尚未确证线路无电之前，救护人不可进入断线落地点 8～10m 的范围内，以防止跨步电压触电。进入该范围的救护人员应穿上绝缘靴或临时双脚并拢跳跃地接近触电者。触电者脱离带电导线后应迅速将其带至 8～10m 以外立即开始触电急救。只有在确证线路已经无电，才可在触电者离开触电导线后就地急救。

（3）在使触电者脱离电源时应注意的事项

① 救护人不得采用金属和其他潮湿的物品作为救护工具。

② 未采取绝缘措施前，救护人不得直接触及触电者的皮肤和潮湿的衣服。

③ 在拉拽触电者脱离电源的过程中，救护人宜用单手操作，这样对救护人比较安全。

④ 当触电者位于高位时，应采取措施预防触电者在脱离电源后坠地摔伤或摔死。

⑤ 夜间发生触电事故时，应考虑切断电源后的临时照明问题，以利救护。

3）模拟现场救护

触电者脱离电源后，应立即就地进行抢救。"立即"之意就是争分夺秒，不可贻误。"就地"之意就是不能消极地等待医生的到来，而应在现场施行正确的救护的同时，派人通知医务人员到现场并做好将触电者送往医院的准备工作。

根据触电者受伤害的轻重程度，四名同学可以模拟采用的现场救护抢救措施有以下几种：

（1）触电者未失去知觉的救护措施

如果触电者所受的伤害不太严重，神志尚清醒，只是心悸、头晕、出冷汗、恶心、呕吐、四肢发麻、全身乏力，甚至一度昏迷，但未失去知觉，则应让触电者在通风暖和的处所静卧休息，并派人严密观察，同时请医生前来或送往医院诊治。

（2）触电者已失去知觉（心肺正常）的抢救措施

如果触电者已失去知觉，但呼吸和心跳尚正常，则应使其舒适地平卧着，解开衣服以利呼吸，四周不要围人，保持空气流通，天气寒冷时应注意保暖，同时立即请医生前来或送往医院诊察。若发现触电者呼吸困难或心跳失常，应立即施行人工呼吸或胸外心脏挤压。

（3）对"假死"者的急救措施

如果触电者呈现"假死"，（即所谓电休克）现象，则可能有三种临床症状：一是心跳停止，但尚能呼吸；二是呼吸停止，但心跳尚存（脉搏很弱）；三是呼吸和心跳均已停止。"假死"症状的判定方法是"看""听""试"。"看"是观察触电者的胸部、腹部有无起伏动作；"听"是用耳贴近触电者的口鼻处，听他有无呼气声音；"试"是用手或小纸条试测口鼻有无呼吸的气流，再用两手指轻压一侧（左或右）喉结旁凹陷处的颈动脉有无搏动感觉。如"看""听""试"的结果，既无呼吸又无颈动脉搏动，则可判定触电者呼吸停止或心跳停止或呼吸心跳均停止。"看""听""试"的操作方法如图 5-1-1 所示。

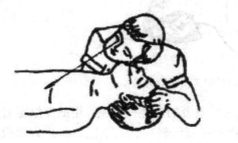

图 5-1-1　判定"假死"的"看""听""试"

当判定触电者呼吸和心跳停止时，应立即按心肺复苏法就地抢救。所谓心肺复苏法就是支持生命的三项基本措施，即通畅气道；口对口（鼻）人工呼吸；胸外按压（人工循环）。

① 通畅气道

若触电者呼吸停止，要紧的是始终确保气道通畅，其操作要领是：

★ 清除口中异物。使触电者仰面躺在平硬的地方，迅速解开其领扣、围巾、紧身衣和裤带。如发现触电者口内有食物、假牙、血块等异物，可将其身体及头部同时侧转，迅速用一个手指或两个手指交叉从口角处插入，从中取出异物，操作中要注意防止将异物推到咽喉深处。

★ 采用仰头抬颌法（见图 5-1-2）。通畅气道操作时，救护人用一只手放在触电者前额，另一只手的手指将其颏颌骨向上抬起，两手协同将头部推向后仰，舌根自然随之抬起、气道即可畅通。气道是否畅通如图 5-1-2 所示。为使触电者头部后仰，可于其颈部下方垫适量厚度的物品，但严禁用枕头或其他物品垫在触电者头下，因为头部抬高前倾会阻塞气道，还会使施行胸外按压时流向脑部的血量减小，甚至完全消失。

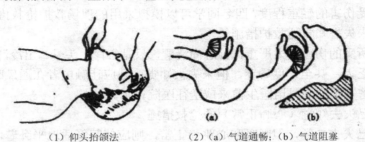

（1）仰头抬颌法　　　　（2）(a) 气道通畅；(b) 气道阻塞

图 5-1-2　仰头抬颌法及气道通畅的判别方法

② 口对口（鼻）人工呼吸

救护人在完成气道通畅的操作后，应立即对触电者施行口对口或口对鼻人工呼吸。口对鼻人工呼吸用于触电者嘴巴紧闭的情况。人工呼吸的操作要领如下（见图 5-1-3）：

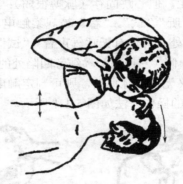

图 5-1-3　口对口人工呼吸方法

★ 先大口吹气刺激起搏救护人。蹲跪在触电者的左侧或右侧；用放在触电者额上的手的大拇指和食指捏住其鼻翼，另一只手的食指和中指轻轻托住其下巴；救护人深吸气后，与触电者口对口紧合，在不漏气的情况下，先连续大口吹气两次，每次 1～1.5s；然后用手指试测触电者颈动脉是否有搏动，如仍无搏动，可判断心跳确已停止，在施行人工呼吸的同时应进行胸外按压。

★ 正常口对口人工呼吸。大口吹气两次试测颈动脉搏动后，立即转入正常的口对口人工呼吸阶段。正常的吹气频率是每分钟约 12 次。正常的口对口人工呼吸操作姿势如上述。但吹气量不需过大，以免引起胃膨胀，如触电者是儿童，吹气量宜小些，以免肺泡破裂。救护人换气时，应将触电者的鼻或口放松，让他借自己胸部的弹性自动吐气。吹气和放松时要注意触电者胸部有无起伏的呼吸动作。吹气时如有较大的阻力，可能是头部后仰不够，应及时纠正，使气道保持畅通。

触电者如牙关紧闭，可改行口对鼻人工呼吸。吹气时要将触电者嘴唇紧闭，防止漏气。

③ 胸外按压

胸外按压是借助人力使触电者恢复心脏跳动的急救方法。其有效性在于选择正确的按压位置和采取正确的按压姿势。

a. 确定正确的按压位置的步骤

● 右手的食指和中指沿触电者的右侧肋弓下缘向上，找到肋骨和胸骨接合处的中点。

● 右手两手指并齐，中指放在切迹中点（剑突底部），食指平放在胸骨下部，另一只手的掌根紧挨食指上缘置于胸骨上，掌根处即为正确按压位置，如图 5-1-4 所示。

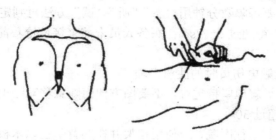

图 5-1-4　正确的胸外按压位置

b. 正确的按压姿势

● 使触电者仰面躺在干硬的地方并解开其衣服，仰卧姿势与口对口（鼻）人工呼吸法相同。

● 救护人立或跪在触电者一侧肩旁，两肩位于触电者胸骨正上方，两臂伸直，肘关节固定不屈，两手掌相叠，手指翘起，不接触触电者胸壁。

● 以髋关节为支点，利用上身的重力，垂直将正常成人胸骨压陷 3～5cm（儿童和瘦弱者酌减）。

● 压至要求程度后，立即全部放松，但救护人的掌根不得离开触电者的胸壁。

按压姿势与用力方法见图 5-1-5。按压有效的标志是在按压过程中可以触到颈动脉搏动。

图 5-1-5　按压姿势与用力方法

c. 恰当的按压频率

● 胸外按压要以均匀速度进行。操作频率以每分钟 80 次为宜，每次包括按压和放松一个循环，按压和放松的时间相等。

● 当胸外按压与口对口（鼻）人工呼吸同时进行时，操作的节奏为：单人救护时，每按压 15 次后吹气 2 次（15：2），反复进行；双人救护时，每按压 15 次后由另一人吹气 1 次（15：1），反复进行。

（4）现场救护中的注意事项

① 抢救过程中应适时对触电者进行再判定

a. 按压吹气 1 分钟后（相当于单人抢救时做了 4 个 15：2 循环），应采用"看""听""试"方法在 5～7s 钟内完成对触电者是否恢复自然呼吸和心跳的再判断。

b. 若判定触电者已有颈动脉搏动，但仍无呼吸，则可暂停胸外按压，而再进行 2 次口对口人工呼吸，接着每隔 5s 吹气一次（相当于每分钟 12 次）。如果脉搏和呼吸仍未能恢复，则继续坚持心肺复苏法抢救。

c. 在抢救过程中，要每隔数分钟用"看""听""试"方法再判定一次触电者的呼吸和脉搏情况，每次判定时间不得超过 5～7s。在医务人员未前来接替抢救前，现场人员不得放弃现场抢救。

② 抢救过程中移送触电伤员时的注意事项

a. 心肺复苏应在现场就地坚持进行，不要图方便而随意移动触电伤员，如确有需要移动时，抢救中断时间不应超过 30s。

b. 移动触电者或将其送往医院，应使用担架并在其背部垫以木板，不可让触电者身体蜷曲着进行搬运。移送途中应继续抢救，在医务人员未接替救治前不可中断抢救。

c. 应创造条件，用装有冰屑的塑料袋作成帽状包绕在伤员头部，露出眼睛，使脑部温度降低，争取触电者心、肺、脑能得以复苏。

③ 触电者好转后的处理

如触电者的心跳和呼吸经抢救后均已恢复，可暂停心肺复苏法操作。但心跳呼吸恢复的早期仍有可能再次骤停，救护人应严密监护，不可麻痹，要随时准备再次抢救。触电者恢复之初，往往神志不清、精神恍惚或情绪躁动、不安，应设法使其安静下来。

④ 慎用药物

人工呼吸和胸外按压是对触电"假死"者的主要急救措施，任何药物都不可替代。无论是兴奋呼吸中枢的可拉明、洛贝林等药物，还是有使心脏复跳的肾上腺素等强心针剂，都不能代替人工呼吸和胸外心脏按压这两种急救办法。必须强调指出的是，对触电者用药或注射针剂，应由有经验的医生诊断确定，慎重使用。例如肾上腺素有使心脏恢复跳动的作用，但也可使心脏由跳动微弱转为心室颤动，从而导致触电者心跳停止而死亡，这方面的教训是不少的。因此，现场触电抢救中，对使用肾上腺素等药物应持慎重态度。如没有必要的诊断设备条件和足够的把握，不得乱用。而在医院内抢救触电者时，则由医务人员据医疗仪器设备诊断的结果决定是否采用这类药物救治。此外，禁止采取冷水浇淋、猛烈摇晃、大声呼唤或架着触电者跑步等"土"办法刺激触电者的举措，因为人体触电后，心脏会发生颤动，脉搏微弱，血流混乱，如果在这种险象下用上述办法强烈刺激心脏，会使触电者因急性心力衰竭而死亡。

⑤ 触电者死亡的认定

对于触电后失去知觉、呼吸心跳停止的触电者，在未经心肺复苏急救之前，只能视为"假死"。任何在事故现场的人员，一旦发现有人触电，都有责任及时和不间断地进行抢救。"及时"就是要争分夺秒，即医生到来之前不等待，送往医院的途中也不可中止抢救。"不间断"

就是要有耐心坚持抢救，有抢救近 5 小时终使触电者复活的实例，因此，抢救时间应持续 6 小时以上，直到救活或医生作出触电者已临床死亡的认定为止。

只有医生才有权认定触电者已死亡，宣布抢救无效，否则就应本着人道精神坚持不懈地运用人工呼吸和胸外按压对触电者进行抢救。

（5）关于电伤的处理

电伤是触电引起的人体外部损伤（包括电击引起的摔伤）、电灼伤、电烙伤、皮肤金属化这类组织损伤，需要到医院治疗。但现场也必须作预处理，以防止细菌感染，损伤扩大。这样，可以减轻触电者的痛苦和便于转送医院。

①对于一般性的外伤创面，可用无菌生理食盐水或清洁的温开水冲洗后，再用消毒纱布防腐绷带或干净的布包扎，然后将触电者护送去医院。

②如伤口大出血，要立即设法止住。压迫止血法是最迅速的临时止血法，即用手指、手掌或止血橡皮带在出血处供血端将血管压瘪在骨骼上而止血，同时火速送医院处置。如果伤口出血不严重，可用消毒纱布或干净的布料叠几层盖在伤口处压紧止血。

③高压触电造成的电弧灼伤，往往深达骨骼，处理十分复杂。现场救护可用无菌生理盐水或清洁的温开水冲洗，再用酒精全面涂擦，然后用消毒被单或干净的布类包裹好送往医院处理。

④对于因触电摔跌而骨折的触电者，应先止血、包扎，然后用木板、竹竿、木棍等物品将骨折肢体临时固定并速送医院处理。

 知识链接

5.1　人体触电机理

电能是一种特殊形式的能量，传输速度快（每秒 30 万公里），发、供、用在瞬间同时完成，网络性强。产生、存在和运动变化都不可见。各种各样的原因导致的大小电气事故层出不穷，带来的危害性不容忽视，尤其是电气火灾和爆炸事故往往造成巨大破坏和群死群伤等严重后果，给人民生命财产和国民经济造成重大损失。因此我们必须从理论上加深对电气事故的了解，寻找电气事故的规律，对其进行科学的分析，并认识到对电气事故以预防为主的重要性。有关低压配电线路保护与电击防护部分设计请参考附录 B，防止设备及人身事故发生。

电磁场对人体的影响主要是在机体内感应涡流，产生热量。由于热量，会使人体一些器官的功能受到不同程度的伤害，电磁场频率不同，伤害程度也不同。

1．人体触电概念

人体是导体，人体触及电压过高的带电体时，就会造成伤害，这就是触电。触电是人体直接或间接接触到带电体（家庭电路中指火线）造成的。

1）电击

电击是指电流通过人体时，破坏人的心脏、神经系统、肺部等的正常工作而造成的伤害。它可以使肌肉抽搐，内部组织损伤，造成发热发麻、神经麻痹等，甚至引起昏迷、窒息、心脏停止跳动而死亡。触电死亡大部分事例是由电击造成的。人体触及带电的导线、漏电设备的外壳或其他带电体，以及由于雷击或电容放电，都可能导致电击。

电流是造成电击伤害的主要因素，人体对电的承受能力与以下因素有关。

（1）电流的种类和频率。

（2）电流的大小和通电的时间。

（3）通过人体电流的路径。

（4）电压的高低。

（5）人的身体状况。

2）电伤

电伤是指电流的热效应、化学效应、机械效应作用对人体造成的局部伤害，它可以是电流通过人体直接引起，也可以是电弧或电火花引起。

电伤包括电弧烧伤、烫伤、电烙印、皮肤金属化、电气机械性伤害、电光眼等不同形式的伤害（电工高空作业不小心跌下造成的骨折或跌伤也算作电伤），其临床表现为头晕、心跳加剧、出冷汗或恶心、呕吐，此外皮肤烧伤处疼痛。

2．触电机理

当人体电阻一定时，人体接触的电压越高，通过人体的电流就越大，对人体的损害也就越严重。但并不是人一接触电源就会对人体产生伤害。在日常生活中我们用手触摸普通干电池的两极，人体并没有任何感觉，这是因为普通干电池的电压较低（直流 15 伏）。

作用于人体的电压低于一定数值时，在短时间内，电压对人体不会造成严重的伤害事故，我们称这种电压为安全电压。

为确定安全条件，往往不采用安全电流，而是采用安全电压来进行估算：一般情况下，也就是干燥而触电危险性较小的环境下，安全电压规定为 36V，对于潮湿而触电危险性较大的环境（如金属容器、管道内施焊检修），安全电压规定为 12V，这样，触电时通过人体的电流，可被限制在较小范围内，可在一定的程度上保障人身安全。

1983 年 7 月 7 日发布的中华人民共和国国家标准，对安全电压的定义、等级作了明确的规定。

（1）为防止触电事故，规定了特定的供电电源电压系列，在正常和故障情况下，任何两个导体间或导体与地之间的电压上限，不得超过交流电压 50 伏。

（2）安全电压的等级分为 42、36、24、12、6 伏。当电源设备采用 24 伏以上的安全电压时，必须采取防止可能直接接触带电体的保护措施。因为尽管是在安全电压下工作，一旦触电虽然不会导致死亡，但是如果不及时摆脱，时间长了也会产生严重后果。另外，由于触电的刺激可能引起人员坠落、摔伤等二次性伤亡事故。

（3）在潮湿环境中，人体的安全电压为 12 伏。正常情况下人体的安全电压不超过 50 伏。当电压超过 24 伏时应采取接地措施。

通常情况下，不高于 36V 的电压对人是安全的，称为安全电压。

照明用电的火线与零线之间的电压为 220V，绝不能同时接触火线与零线。零线是接地的，所以火线与大地之间的电压也为 220V，一定不能在与大地连通的情况下接触火线。

1）人体对电流的反映

100～200μA 对人体无害反而能治病；

8～10mA 手摆脱电极已感到困难，有剧痛感（手指关节）；

20～25mA 手迅速麻痹，不能自动摆脱电极，呼吸困难；

50～80mA 呼吸困难，心房开始震颤；

90～100mA 呼吸麻痹，三秒钟后心脏开始麻痹，停止跳动。

说明：电死人的关键是电流的大小。

脱毛衣时发出的火花电压达几万伏，但没有形成持续电流，所以电压高、电流很小并不会电死人。

2）触电的几种方式

（1）单相触电：单个相线之间的触电。

（2）两相触电：两个相线之间的触电。

（3）接触触电：触摸而导致的触电。

（4）跨步触电：在高压线接触的地面附近，产生了环形的电场。即以高压线触地点为圆心，从接触点到周围有一个放射状电压递减的电压分布。可以理解，圆心处电压等于高压电线上的电压，离开圆心越远的点上，电压越小。

3）电气事故的主要类型

（1）触电事故

触电事故是指人体触及电流所发生的人身伤害事故。

（2）电气火灾和爆炸事故

由于电气方面的原因引起的火灾和爆炸称为电气火灾和爆炸。

（3）雷电事故

雷电是一种大气中的放电现象，它电压极高，电流极大。

（4）静电事故

静电事故是指生产过程中产生的有害静电造成的事故，它与雷电事故相比，一般多在局部场所造成危害。

（5）电磁场伤害事故

电磁场所产生的辐射能量被人体吸收过多会对人体造成不同程度的伤害。

4）电气事故产生的根源

电气事故发生的主要原因有以下几个方面：

（1）管理不善；

（2）失于防护；

（3）安全技术措施不当；

（4）检查维修不善；

（5）缺乏知识，违章作业。

5.2　人体触电的保护措施

5.2.1　保护接地

在发电、供电、用电过程中，由于电气绝缘装置老化、过电压被击穿或磨损，致使原来不应带电部分（如金属、底座、外壳等）带电，或原来带低压电部分带上高压电，由这些意外的不正常带电所引起电气设备损坏和人身伤亡事故不断增加。为了避免这类电气事故的发生，最常用的防护措施是接地与接零。

电气设备应采用接地或接零哪种保护方式，取决于配电系统的中性点是否接地，低压电网的性质及电气设备的额定电压等级。下面分别介绍接地和接零的有关知识。

1．接地基本概念

电气设备或输电线路需要接地的部分与接地体之间良好可靠的电气连接，称为接地。

接地可分为保护接地、工作接地、过电压保护接地、重复接地和防静电接地。

在供配电系统中为实现更高的可靠性、安全性，常用到防止触电的保护接地系统。主要有 IT、TT 系统。

1）IT 系统的保护接地

电源中性点不接地的三相三线制低压系统中，用电设备外壳与大地作电气连接，构成 IT 系统（见图 5-1-6），通常称为保护接地。IT 系统中，人触及单相碰壳的设备时，通过人体的电流 I_b 只是接地电流 I_E 的一部分，即 $I_b = I_E R_E/(R_E + R_b)$。如果接地电阻 $R_E \leqslant 4\Omega$，人体电阻按最恶劣环境下考虑，取 $R_b = 1000\Omega$，则通过人体的电流只占接地电流的 1/250，这样就可避免人体触电的危险，起到保护作用。IT 系统不应配出 N 线。

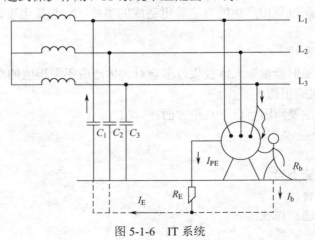

图 5-1-6　IT 系统

2）TT 系统的保护接地

电源中性点直接接地的三相四线制系统中,将设备外壳经各自的 PE 线(公共保护接地线)分别接地,构成 TT 系统,亦称保护接地,如图 5-1-7 所示。

保护接地作为安全措施已被广泛用于中性点直接接地的三相四线制系统中,尤其在供电范围广、负荷不平衡、零线电压较高的情况下,采用 TT 系统是合理的。这种系统在国外应用比较广泛,国内也有推广的趋势。

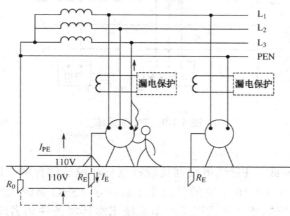

图 5-1-7 TT 系统

5.2.2 保护接零

1. 保护接零基本概念

接零是指将与带电部分相绝缘的电气设备的金属外壳或构架,与中性点直接接地系统中的零线相连接。

TN 系统其电源中性点直接接地,其中所有设备的外露可导电部分均接公共保护接地线(PE 线)或公共保护中性线(PEN 线)。这种接公共 PE 线或 PEN 线的方式,也可通称"接零"。TN 系统按其 PE 线的形式不同分为 TN-C 系统、TN-S 系统和 TN-C-S 系统。

1）TN-C 系统

系统中的 N 线与 PE 线合为一根 PEN 线,所有设备的外露可导电部分均接 PEN 线,如图 5-1-8 所示。该系统不适用于对抗电磁干扰和安全要求较高的场所。

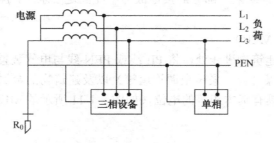

图 5-1-8 TN-C 系统

2）TN-S 系统

系统中的 N 线与 PE 线完全分开，所有设备的外露可导电部分均接 PE 线，如图 5-1-9 所示。该系统现广泛应用于对安全及抗电磁干扰要求较高的场所，如重要办公地点、实验场所和居民住宅等处。

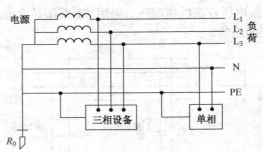

图 5-1-9　TN-S 系统

3）TN-C-S 系统

TN-C-S 系统中，N 线与 PE 线可根据负载特点与环境条件合用一根或分开敷设 PEN 线，PEN 线不准再合并（见图 5-1-10）。它的优点在于解决了 TN-C 系统线路末端零线对地电压过高的问题，兼有前两系统的特点，适用于配电系统末端环境条件恶劣或有数据处理的场合。

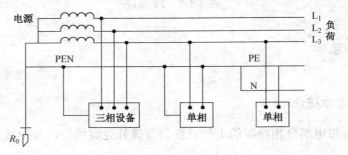

图 5-1-10　TN-C-S 系统

2. 等电位联结

等电位联结，是使电气装置的各外露可导电部分和装置外可导电部分电位基本相等的一种电气连接。等电位联结的作用，在于降低接触电压，确保人身安全。GB50054—1995《低压配电设计规范》规定：低压配电系统中，采取接地故障保护时，在建筑物内应做总等电位联结（MEB）。当电气装置或某一部分的接地故障不能满足要求时，应在局部范围内做等电位联结（LEB）。

1）总等电位联结（MEB）

总等电位联结是在建筑物进线处，将 PE 线或 PEN 线与电气装置接地干线、建筑物内的各金属管道（如水管、煤气管、采暖空调管道等）以及建筑物的金属构件等，都接向总等电位联结端子，使它们都具有基本相等的电位（如图 5-1-11 所示的 MEB）。

2）局部等电位联结（LEB）

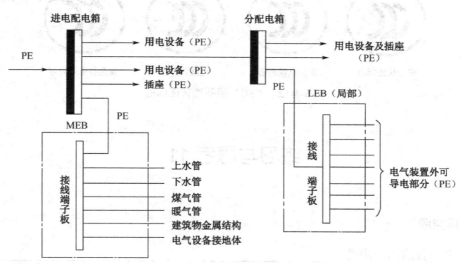

图 5-1-11 等电位联结

知识拓展——电磁兼容（EMC）

1. 电磁兼容（EMC）的基本概念

广泛应用的电子和电气设备中的电磁转换带来了无线电干扰，影响了各电气设备的正常工作，尤其是灵敏电子设备，由此而发展了对无线电干扰和抗干扰的研究，这一技术原称"无线电干扰技术"，现称为"电磁兼容性（EMC）"，即电磁兼容是由无线电干扰演变而来的。

电磁兼容（Electromagnetic Compatibility，EMC）一般指电气及电子设备在共同的电磁环境中能执行各自的功能的共存状态。

电磁兼容的核心问题就是通过对干扰的研究，实现对干扰的控制和防护。

电磁干扰的三要素：电磁干扰源、传输通道或耦合途径、接受干扰的敏感体。

电磁兼容性防护和控制技术常用方法有：屏蔽、滤波、接地和搭接技术，地点位置隔离、时间共用准则、频率管制等。

2. 电磁兼容的发展和认证

我国的电磁兼容技术标准分为 4 类：基础标准、通用标准、产品类标准、系统间电磁兼容标准。其中基础标准是其他标准的基础。

强制性产品认证制度，是各国政府为保护广大消费者人身和动植物生命安全，保护环境、保护国家安全，依照法律法规实施的一种产品合格评定制度，它要求产品必须符合国家标准和技术法规。

现行的"3C"强制性认证标志。如图 5-1-12 所示。

安全认证标志　　消防认证标志　　电磁兼容标　　安全与电磁兼容

图 5-1-12　"3C"强制性认证标志

练习与思考 11

一、填空题

1. 触电急救的第一步是＿＿＿＿＿＿＿＿＿＿＿＿＿＿＿＿＿＿＿＿，第二步是＿＿＿＿＿＿＿＿＿＿＿＿＿＿＿＿＿＿＿＿。

2. ＿＿＿＿＿＿＿＿是借助人力使触电者恢复心脏跳动的急救方法。其有效性在于选择正确的按压位置和采取正确的按压姿势。

3. ＿＿＿＿＿＿＿是指电流通过人体时，破坏人的心脏、神经系统、肺部等的正常工作而造成的伤害。

4. ＿＿＿＿＿＿＿是指电流的热效应、化学效应、机械效应作用对人体造成的局部伤害，它可以是电流通过人体直接引起也可以是电弧或电火花引起。

5. 通常情况下，不高于＿＿＿＿＿＿的电压对人是安全的，称为安全电压。

6. 在供配电系统中为实现更高的可靠性、安全性，常用到防止触电的保护接地系统。主要有＿＿＿＿＿＿、＿＿＿＿＿＿＿＿＿系统。

7. TN 系统按其 PE 线的形式不同分为：＿＿＿＿＿＿＿＿＿＿＿、＿＿＿＿＿＿＿＿＿＿＿＿和＿＿＿＿＿＿＿＿＿。

8. ＿＿＿＿＿＿＿＿＿＿＿＿＿＿＿是使电气装置的各外露可导电部分和装置外可导电部分电位基本相等的一种电气连接。

二、判断题（正确的打√，错误的打×）

1. 电死人的关键是电流的大小。（　　　）

2. 电磁场对人体的影响主要是在机体内感应涡流。（　　　）

3. $100 \sim 200\mu A$ 对人体无害反而能治病。（　　　）

4. 电气设备或输电线路需要接地的部分与接地体之间良好可靠的电气连接，称为接地。（　　　）

5. 接地电阻越大越好，最好大于 10Ω。（　　　）

6. TN-C 系统现广泛应用于在对安全及抗电磁干扰要求较高的场所，如重要办公地点、实验场所和居民住宅等处。（　　　）

三、问答题

1. 根据欧姆定律知道，导体中的电流大小跟什么有关系？
2. 用手分别触摸一节干电池的正负极，为什么没有发生触电事故？
3. 通过人体的电流大小决定于什么？
4. 安全电压值是多少？在此情况下绝对安全吗？
5. 人触电后一定会死亡吗？

项目六

半导体器件、集成运放及其应用

教学导航

本项目首先介绍半导体的特性，然后介绍半导体二极管、三极管和场效应管的结构、工作原理和伏安特性及其应用，最后介绍集成运放的特性及应用。

任务 6-1　二极管整流与滤波电路安装与测试

1. 任务目标

（1）掌握二极管的基本知识；理解单相整流电路的组成及其工作原理。

（2）会制作与检测电容滤波与电感滤波电路。

（3）理解直流稳压电源的组成及其工作原理。

2. 元件清单

（1）各种类型、不同规格的二极管若干；

（2）指针万用表、数字式万用表各 1 个；

（3）9V 交流电源、CA620 双踪示波器；

（4）$VD_1 \sim VD_4$（1N4001）、$S_1 \sim S_5$（单掷拨动开关、220V、5A）、C_1（电解电容，2200μF/25V）、C_2（涤纶电容，0.22μF）、R_L（电阻器，500Ω）、R（120Ω）、L（荧光灯镇流器，20W）。

3. 实践操作

（1）识别二极管的阴极与阳极。对于新的二极管，一般都有 Mark（标识）其阴极的标识，通常用一个纯色的环状色带标识。如图 6-1-1 所示。

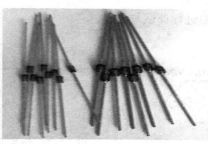

图 6-1-1　常见二极管实物图

（2）如果 Mark 标识已经磨损，我们可以借助 MF47 万用表进行识别，因为二极管为非线性元件，其阻值会随着电流的变化而变化，所以用 MF47 万用表的不同挡位测出的电阻值是不同的。这里我们使用 $R \times 1k$ 挡进行测试，重点注意的是 MF47 万用表的红色表笔对应其内部电源的负极，黑色表笔对应其内部电源的正极，如图 6-1-2 所示，测量的结果记录于表 6-1-1 中。

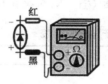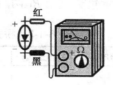

（a）测出正向电阻小　　　　（b）测出反向电阻大

图 6-1-2　万用表检测二极管

表 6-1-1　二极管的正向电阻、反向电阻测量记录表

型号	正向电阻	反向电阻	万用表挡位
2AP9			
2CZ12			
IN4001			

（3）我们也可以借助数字万用表进行识别，因为数字万用表有专门的二极体挡位，这个挡位测量的是二极管阳极与阴极间的压降，需要重点注意的是数字式万用表的红色表笔对应其内部电源的正极，黑色表笔对应其内部电源的负极。测量的结果记录于表 6-1-2 中。

表 6-1-2　二极管的正向压降、反向压降测量记录表

型号	正向压降	反向压降	硅管/锗管
2AP9			
2CZ12			
IN4001			

（4）识别二极管后，按照如图 6-1-3 所示连接电路，其中 $VD_1 \sim VD_4$（1N4001）、$S_1 \sim S_5$（单掷拨动开关、220V、5A）、C_1（电解电容，2200μF/25V）、C_2（涤纶电容，0.22μF）、R_L（电阻器，500Ω）、R（120Ω）、L（荧光灯镇流器，20W），完成电路的连接后，需通知实验老

师检查无误后，方能接通电源进行调试与测量。

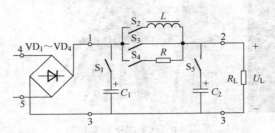

图 6-1-3 单向桥式整流与滤波电路

（5）在电路"4、5"端接入 9V 交流电源（由实验台提供），所有拨动开关 $S_1 \sim S_5$ 均断开（如图 6-1-3 中所示状态）。

（6）用万用表测量输入的交流电压 U_{45} 和桥式整流后的直流电压 U_{13}，填入表 6-1-3 中。

（7）闭合开关 S_3，测量负载电阻 R_L 两端电压 U_{23}，填入表 6-1-3 中。

表 6-1-3 桥式整流电压记录表

测量项目	桥式整流电路的输入电压 U_{45}	整流电压 U_{13}	负载电阻 R_L 两端电压 U_{23}
理论值			
测量值			

（8）闭合开关 S_1，断开 S_3，电路为不带负载的桥式整流、电容滤波电路；测量 U_{13}，并填入表 6-1-4 中。

（9）闭合开关 S_1 和 S_3，电路为带负载的桥式整流、电容滤波电路；测量 U_{23}，并填入表 6-1-4 中。

（10）闭合开关 S_2，断开 S_1 和 S_3，电路为带负载的桥式整流、电感滤波电路；测量 U_{23}，并填入表 6-1-4 中。

（11）闭合开关 S_1、S_4、S_5，断开 S_2 和 S_3，电路为带负载的桥式整流、复式滤波（π 型滤波）电路；测量 U_{23}，并填入表 6-1-4 中。

表 6-1-4 桥式整流滤波电压记录表

测量项目	滤波电压 U_{13}	负载电阻 R_L 两端电压 U_{23}
电容滤波电路		
电感滤波电路		
复式滤波电路		

4．注意事项

（1）电路安装时，整流管及电解电容极性不能接错，以免损坏元件，甚至烧毁电路。

（2）电路装接好后，才可通电，不能带电改装电路。

知识链接

6.1 半导体二极管及其应用

6.1.1 半导体基础知识

1. 本征半导体

在自然界中，所有物质按其导电能力的强弱可以分为导体、绝缘体和半导体。其中，半导体的导电能力介于导体和绝缘体之间。常用的半导体材料有硅、锗及砷化镓等。由于半导体具有掺杂特性、热敏特性和光敏特性，因而得到广泛应用。

纯净的不含任何杂质的半导体称为本征半导体。

硅和锗都是 4 价元素，即最外层的电子数都是 4 个，原子间以共价键的形式结合，当受到外界能量（热、光等）激发时，有些价电子能够挣脱共价键的束缚而成为自由电子，同时在共价键上留出了空位，称为空穴。电子带负电，失去电子的空穴带正电。在本征半导体中，自由电子和空穴是成对出现的，称为电子空穴对，如图 6-1-4 和图 6-1-5 所示。

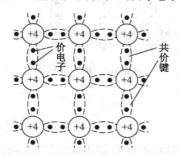
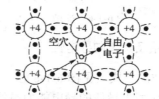

图 6-1-4 共价键结构示意图   图 6-1-5 载流子的运动

在电场作用下，一方面自由电子可以定向移动，形成电流；另一方面，由于空穴的存在，价电子将按一定的方向依次填补空穴，即空穴也产生了移动。电子移动时是负电荷的移动，空穴移动时是正电荷的移动，电子和空穴都能运载电荷，所以它们都称为载流子。

实际上，由于本征半导体的导电能力很弱，因而不能直接用于制作半导体器件。

2. 掺杂半导体

为了增强半导体的导电能力，在本征半导体中人为掺入微量元素使之成为掺杂半导体。按照掺杂的不同，可获得 N 型和 P 型掺杂半导体。这两种半导体是制造各种半导体器件的基础材料。

1）N 型半导体

本征半导体中掺入了微量 5 价元素如磷（P），其平面模型如图 6-1-6 所示。含磷原子的价电子与相邻的硅原子的价电子组成四对共价键，多余一个电子，不受共价键束缚，获得较小的能量使容易挣脱原子核的束缚而成为自由电子。可见掺杂后的半导体提高了自由电子的浓度，其导电能力大大增强。这种杂质半导体主要靠电子导电，故称为电子型半导体，简称 N 型半导体。并称其中的自由电子为多数载流子（简称多子），空穴为少数载流子（简称少子）。

2）P 型半导体

本征半导体中掺入了微量 3 价元素如硼（B），其平面模型如图 6-1-7 所示，硼原子的价电子与相邻的硅原子的价电子只能组成三对共价键，使自然形成一个空位,称为"空穴"，它很容易由相邻的原子中的价电子来填补，从而在相邻的原子又产生一个新的空穴，形成移动空穴。显然，掺杂后每个硼原子都能提供一个空穴，从而使掺杂半导体的空穴浓度大大提高，这种掺杂半导体主要靠空穴导电，故称为空穴型半导体，简称 P 型半导体。把其中的空穴称为多数载流子（简称多子），自由电子为少子。

应当注意：不论是 N 型半导体还是 P 型半导体，虽然它们都有一种载流子占多数，但是整个晶体仍然是不带电的。

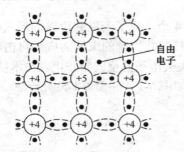
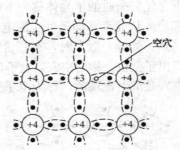

图 6-1-6　N 型半导体　　　　　　　　图 6-1-7　P 型半导体

3．PN 结及其单向导电性

1）PN 结的形成（见图 6-1-8）

P 型或 N 型半导体的导电能力虽然大大增强，但并不能直接用来制造半导体器件。通常是在一块晶片上，采取一定的掺杂工艺措施，在两边分别形成 P 型半导体和 N 型半导体，它们的交界面就形成了 PN 结。这 PN 结是构成各种半导体器件的基础。

PN 结的形成是载流子在半导体内运动达到动态平衡的结果。当 P 型半导体和 N 型半导体结合在一起时，由于交界处两侧同性载流子浓度差的存在，引起两区多子向对方区域扩散，如图 6-1-8 所示。在 P 型区一侧，由于空穴向 N 区扩散，剩下不能移动的负离子，形成带负电的离子层；在 N 区一侧，由于自由电子向 P 区扩散，剩下不能移动的正离子，形成带正电的离子层。正负离子层形成了由 N 区指向 P 区的内电场。少数载流子在内电场的作用下，会沿着电场的方向运动，此运动称为漂移运动，其方向正好与扩散运动方向相反。

在 PN 结形成的过程中，开始时扩散运动占优势，内电场逐渐增强，漂移运动也就愈来愈强。当扩散运动形成的电流与漂移运动形成的电流相等时，正负离子层不再变化，内电场不再增强，半导体内部达到一种动态平衡，此时交界面两侧正、负离子形成的空间电荷区域，称为 PN 结（也称为耗尽层、阻挡层）。

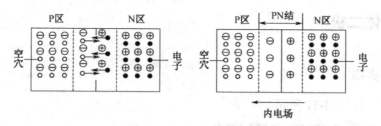

图 6-1-8　PN 结的形成

2）PN 结的单向导电性

如果在 PN 结上加正向电压，即 P 区接电源的正极，N 区接电源的负极，如图 6-1-9 所示，这种接法称为正向偏置。由图可见，外电场与内电场的方向相反，因此扩散与漂移运动的平衡被破坏。外电场驱使 P 区的空穴进入空间电荷区抵消一部分负空间电荷，同时 N 区的自由电子进入空间电荷区抵消一部分正空间电荷。于是整个空间电荷区变窄，内电场被削弱，多数载流子的扩散运动增强，形成较大的扩散电流（正向电流）。在一定范围内，外加电压愈大，正向电流愈大，PN 结呈现出很小的正向电阻，将这种状态称为 PN 结正向导通状态。正向电流包括空穴电流和电子电流两部分。空穴和电子虽然带有不同极性的电荷，但由于它们的运动方向相反，所以电流方向一致。

如果在 PN 结上加反向电压，即 P 区接电源的负极，N 区接电源的正极，如图 6-1-10 所示，这种接法则称为反向偏置。此时外电场与内电场方向一致，也破坏了扩散与漂移运动的平衡。外电场驱使空间电荷区两侧的空穴和自由电子移走，使得空间电荷增加，空间电荷区变宽，内电场增强，使多数载流子的扩散运动难以进行。但内电场的增强使少数载流子的漂移运动加强。在外电场的作用下，N 区中的空穴越过 PN 结进入 P 区，P 区中自由电子越过 PN 结进入 N 区，在电路中形成反向电流（由 N 区流向 P 区的电流）。由于少数载流子数目很少，因此反向电流很小，即 PN 结呈现出很大的反向电阻，所以 PN 结反向偏置时基本不导电，把这种状态称为 PN 结反向截止状态。由于少数载流子的数量与温度有关，所以 PN 结反向偏置时，反向电流与温度有关。温度越高，反向电流会明显增大。

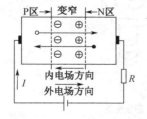

图 6-1-9　PN 结上加正向电压

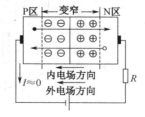

图 6-1-10　PN 结上加反向电压

可见 PN 结就像一个阀门，正向偏置时，PN 结电阻很低，正向电流较大，PN 结处于导通状态；反向偏置时，PN 结电阻很高，电流几乎不能通过，PN 结处于截止状态，这就是 PN 结的单向导电性。

6.1.2 半导体二极管

1.二极管实物

常见二极管如图 6-1-11 所示。

图 6-1-11 常见二极管

2.二极管结构

半导体二极管是由一个 PN 结并从它们 P 区和 N 区各引出一个电极，用管壳封装而成的，从 P 区引出的电极称为阳极，从 N 区引出的电极称为阴极。常用二极管外形如图 6-1-12 所示。二极管的内部结构有点接触型和面接触型两类，点接触型二极管（一般为锗管）的 PN 结面积很小（结电容小），因此不能通过较大电流，但其高频性能好，一般适用于高频和小功率工作，也可以用作数字电路的开关元件。面接触型二极管（一般为硅管）的 PN 结面积大（结电容大），故可通过较大电流，但其工作频率较低，一般用作整流。二极管的内部结构及符号如图 6-1-13 所示。

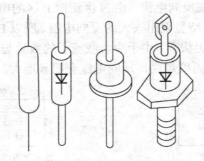

图 6-1-12 常用二极管外形

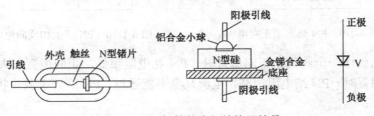

图 6-1-13 二极管的内部结构及符号

半导体二极管的类型很多。按材料分可分为硅二极管和锗二极管；按内部结构分可分为点接触、面接触和平面型等类型；按用途分又可分为整流二极管、稳压二极管、检波二极管、开关二极管，相关符号如图 6-1-14 所示。

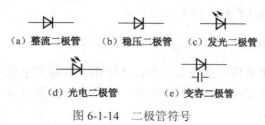

(a) 整流二极管   (b) 稳压二极管   (c) 发光二极管

(d) 光电二极管   (e) 变容二极管

图 6-1-14 二极管符号

3. 二极管伏安特性

二极管的伏安特性就是指二极管的端电压与通过的电流之间的关系。根据这一关系画出的曲线称为伏安特性曲线。不同类型的二极管，其伏安特性不一样，就是同一个二极管在不同温度下的伏安特性数值大小也不同。但是二极管的伏安特性有相同的规律，曲线形状大致是一样的。如图 6-1-15 所示。

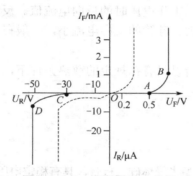

图 6-1-15 二极管的伏安特性

1) 正向特性

在二极管两端加正向电压时，就会产生正向电流。但是，当起始电压很低时，正向电流很小，近似为零，如图 6-1-15 中 OA 段所示，管子呈高阻状态。这段区域称为死区，A 点电压称为死区电压，在常温下硅管的死区电压约为 0.5V，锗管的死区电压约为 0.2V。当二极管两端的电压超过死区电压后，管子开始导通，正向电流随端电压的增高而迅速增大，管子呈低阻状态，从图 6-1-15 中 B 点以后的特性可以看出，这时二极管的正向电流在相当大的范围内变化，而二极管两端的电压变化却不大（近似为恒压特性），此时电压称为正向饱和压降，小功率硅管约为 0.7V，锗管约为 0.3V。

2) 反向特性

在二极管两端加反向电压时，由于 PN 结的反向电阻很高，所以反向电压在一定范围内变化，反向电流非常小，且基本不随反向电压而变化，如图 6-1-15 中 OC 段所示，此电流称为反向饱和电流，此时管子处于截止状态。反向电流愈大，说明管子的单向导电性能愈差。硅管的反向电流约为 1μA 到几十μA，锗管约为几十到几百μA。另外，反向电流随温度的上升而急剧增长。

3）击穿特性

在图 6-1-15 中，当过 C 点继续增大反向电压时，反向电流在 D 点处突然上升，这种现象称为反向击穿。发生击穿时的电压 UBR 称为反向击穿电压。不同类型的管子的反向击穿电压大小不同，通常为几十到几百伏，甚至数千伏。

4．二极管的主要参数

二极管的特性除用伏安特性曲线表示外，还可用一些数据来说明，这些数据就是二极管的参数。不同用途的二极管的参数是不一样的。以整流二极管为例，其主要参数有三个：

1）最大整流电流 I_{FM}

最大整流电流是指二极管长时间使用时，允许流过二极管的最大正向平均电流。它主要是由 PN 结的面积和散热条件决定的。

2）最大反向工作电压 U_{RM}

它是指二极管长期运行时，允许承受的最高反向电压。一般是反向击穿电压的一半或三分之一。

3）最大反向电流 I_{RM}

它是指二极管上加最高反向工作电压时的反向电流值。反向电流大，说明二极管的单向导电性能差。并且受温度影响大。硅管的反向电流小，一般在几个微安以下，锗管的反向电流大，为硅管的几十到几百倍。

上述参数都与温度有关。所以只有在规定的散热条件下，才能保证二极管在长期运行中各参数稳定，管子能正常工作。

5．特殊二极管

1）稳压二极管

稳压管是一种特殊的面接触型半导体硅二极管，具有稳定电压的作用。图 6-1-16（a）为稳压管在电路中的正确联接方法，其中，R 为限流电阻，DZ 为稳压管；图 6-1-16（b）和图 6-1-16（c）为稳压管的伏安特性及图形符号。稳压管与普通二极管的主要区别在于，稳压管是工作在 PN 结的反向击穿状态。通过在制造过程中的工艺措施和使用时限制反向电流的大小，能保证稳压管在反向击穿状态下不会因过热而损坏。从稳压管的反向伏安特性曲线可以看出，当反向电压较小时，反向电流几乎为零，当反向电压增高到击穿电压 V_Z（也是稳压管的工作电压）时，反向电流 I_Z（稳压管的工作电流）会急剧增加，稳压管反向击穿。在特性曲线 ab 段，当 I_Z 在较大范围内变化时，稳压管两端电压 V_Z 基本不变，具有恒压特性，利用这一特性可以起到稳定电压的作用。

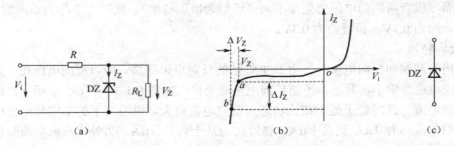

图 6-1-16　稳压管电路、伏安特性及符号

稳压管与一般二极管不一样，它的反向击穿是可逆的，只要不超过稳压管的允许值，PN结就不会过热损坏，当外加反向电压去除后，稳压管恢复原性能，所以稳压管具有良好的重复击穿特性。

稳压管的主要参数有：

（1）稳定电压（V_Z）。稳定电压 V_Z 指稳压管正常工作时，管子两端的电压，由于制造工艺的原因，稳压值也有一定的分散性，如 2CW14 型稳压值为 6.0～7.5V。

（2）动态电阻（r_Z）。动态电阻是指稳压管在正常工作范围内，端电压的变化量与相应电流的变化量的比值。数学表达式为：$r_Z = \dfrac{\Delta V_Z}{\Delta I_Z}$，稳压管的反向特性愈陡，$r_Z$ 愈小，稳压性能就愈好。

（3）稳定电流（I_Z）。稳压管正常工作时的参考电流值，只有 $I \geqslant I_Z$，才能保证稳压管有较好的稳压性能。

（4）最大稳定电流（I_{Zmax}）。允许通过的最大反向电流，$I > I_{Zmax}$ 管子会因过热而损坏。

（5）最大允许功耗（P_{ZM}）。管子不致发生热击穿的最大功率损耗 $P_{ZM} = V_Z I_{Zmax}$。

稳压管还有许多其他参数，可查阅相关手册。

稳压管正常工作的条件有两个，一是工作在反向击穿状态，二是稳压管中的电流要在稳定电流和最大允许电流之间。当稳压管正偏时，它相当于一个普通二极管。如图 6-1-16（a）所示为最常用的稳压电路，当 V_i 或 R_L 变化时，稳压管中的电流发生变化，但在一定范围内其端电压变化很小，因此起到稳定输出电压的作用。

稳压二极管是一种特殊的面接触型二极管，其伏安特性与普通的二极管相似，但反向击穿曲线比较陡，当反向电压低于击穿值时，反向电阻很大，当反向电压高于击穿值时，反向电阻很小，电流迅速增大，但反向电压变化很小。而且稳压二极管的反向击穿是可逆的。利用这一特性可实现稳压作用，与其配合使用的电阻则起到限流作用。

稳压二极管的选择：主要从电路的输出电压值和负载电流的大小两个方面进行考虑；限流电阻 R 在电路中起到保护稳压管和调整电压的作用，其选择要从两个方面考虑：一是其阻值，二是其额定功率。

稳压二极管用于稳压时，稳定电压不可调整，现在已经有新的并联型稳压器件 TL431 可以实现稳定电压的调整。

2）光电二极管

光电二极管又称光敏二极管。它的管壳上备有一个玻璃窗口，以便于接受光照。其特点是，当光线照射于它的 PN 结时，可以成对地产生自由电子和空穴，使半导体中少数载流子的浓度提高。这些载流子在一定的反向偏置电压作用下可以产生漂移电流，使反向电流增加。因此它的反向电流随光照强度的增加而线性增加，这时光电二极管等效于一个恒流源。当无光照时，光电二极管的伏安特性与普通二极管一样。光电二极管的等效电路如图 6-1-17（a）所示，如图 6-1-17（b）所示为光电二极管的符号。

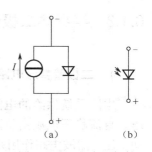

（a）　　　　　（b）

图 6-1-17　光电二极管

光电二极管的主要参数有：

（1）暗电流：无光照时的反向饱和电流。一般 <1μA。

（2）光电流：指在额定照度下的反向电流，一般为几十毫安。

（3）灵敏度：指在给定波长（如 0.9μm）的单位光功率时，光电二极管产生的光电流。一般大于等于 $0.5\mu A/\mu W$。

（4）峰值波长：使光电二极管具有最高响应灵敏度（光电流最大）的光波长。一般光电二极管的峰值波长在可见光和红外线范围内。

（5）响应时间：指加定量光照后，光电流达到稳定值的 63%所需要的时间，一般为 10～7s。

光电二极管作为光控元件可用于各种物体检测、光电控制、自动报警等方面。当制成大面积的光电二极管时，可当作一种能源而称为光电池。此时它不需要外加电源，能够直接把光能变成电能。

3）发光二极管

发光二极管是一种将电能直接转换成光能的半导体固体显示器件，（Light Emitting Diode，LED）。和普通二极管相似，发光二极管也是由一个 PN 结构成。发光二极管的 PN 结封装在透明塑料壳内，外形有方形、矩形和圆形等。

发光二极管的驱动电压低、工作电流小，具有很强的抗振动和冲击能力、体积小、可靠性高、耗电省和寿命长等优点，广泛用于信号指示等电路中。在电子技术中常用的数码管，就是用发光二极管按一定的排列组成的。比如常用照明、指示与大屏幕显示。

发光二极管的原理与光电二极管相反。当这种管子正向偏置通过电流时会发出光来，这是由于电子与空穴直接复合时放出能量的结果。它的光谱范围比较窄，其波长由所使用的基本材料而定。不同半导体材料制造的发光二极管发出不同颜色的光，如磷砷化镓（GaAsP）材料发红光或黄光，磷化镓（GaP）材料发红光或绿光，氮化镓（GaN）材料发蓝光，碳化硅（SiC）材料发黄光，砷化镓（GaAs）材料发不可见的红外线。

发光二极管的符号如图 6-1-18 所示。它的伏安特性和普通二极管相似，死区电压为 0.9～1.1V，其正向工作电压为 1.5～2.5V，工作电流为 5～15mA。反向击穿电压较低，一般小于10V。

图 6-1-18　发光二极管符号

6.1.3　半导体二极管应用

1．二极管整流电路

电网系统供给的电能都是交流电，而大多电子电路都有直流稳压电源供给稳定的直流电压。直流稳压电源由整流—滤波—稳压三部分组成。整流电路的作用是将交流电压转换成脉动电压，滤波电路作用是将脉动电压变成平滑的直流电压。稳压电路的作用使输出电压稳定。

1）单相整流电路

利用二极管的单向导电特性，将交流电变成脉动的直流电。其电路如图 6-1-19 所示。

v_2 为正弦波，波形如图 6-1-19（b）所示。v_2 正半周时，A 点电位高于 B 点电位，二极管 V 正偏导通，则 $v_L \approx v_2$；v_2 负半周时，A 点电位低于 B 点电位，二极管 V 反偏截止，则 $v_L \approx 0$。

由波形可见，v_2 一周期内，负载只有单方向的半个波形，这种大小波动、方向不变的电压或电流称为脉动直流电。

（1）输出电压和整流二极管上电流的计算

负载电压：$V_L = 0.45V_2$

负载电流：$I_L = \dfrac{V_L}{R_L} = \dfrac{0.45V_2}{R_L}$

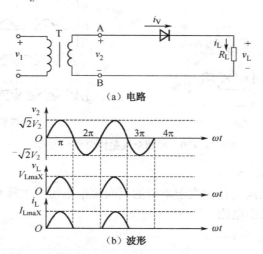

（a）电路

（b）波形

图 6-1-19 单相半波整流电路与波形

二极管正向电流和负载电流：$I_V = I_L = \dfrac{0.45V_2}{R_L}$

二极管反向峰值电压：$V_{RM} = \sqrt{2}V_2 \approx 1.41V_2$

（2）选管依据

二极管允许的最大反向电压应大于承受的反向峰值电压；二极管允许的最大整流电流应大于流过二极管的实际工作电流。

2）单相桥式全波整流电路

单相桥式全波整流电路的电路如图 6-1-20（a）所示。

v_2 正半周时，V_1、V_3 导通（V_2、V_4 截止），i_1 自上而下流过负载 R_L；v_2 负半周时，V_2、V_4 导通（V_1、V_3 截止），i_2 自上而下流过负载 R_L；

由图 6-1-20（b）可见，v_2 一周期内，两组整流二极管轮流导通产生的单方向电流 i_1 和 i_2 叠加形成了 i_L。于是负载得到全波脉动直流电压 v_L。

（1）输出电压和整流二极管上电流的计算

负载电压：$V_L = 0.9V_2$

负载电流：$I_L = \dfrac{V_L}{R_L} = \dfrac{0.9V_2}{R_L}$

二极管的平均电流：$I_V = \dfrac{1}{2}I_L$

二极管反向峰值电压：$V_{RM} = \sqrt{2}V_2 \approx 1.41V_2$

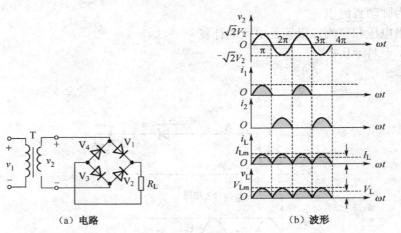

（a）电路　　　　　　　　　　　（b）波形

图 6-1-20　单相全波整流电路与波形

（2）选管依据

二极管允许的最大反向电压应大于承受的反向峰值电压；二极管允许的最大整流电流应大于流过二极管的实际工作电流。

2．二极管滤波电路

1）电容滤波电路

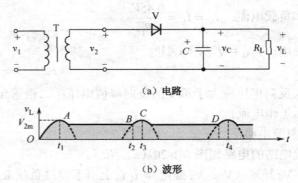

（a）电路

（b）波形

图 6-1-21　半波整流电容滤波电路

图 6-1-21 所示为半波整流电容滤波电路，下面对其波形进行分析。

在 $0 \sim t_1$ 期间，因 v_2 电压的作用，V 正偏导通，电容 C 充电，波形如图 6-1-21（b）中 OA 所示；

在 $t_1 \sim t_2$ 期间，因 $v_2 < v_C$，V 反偏截止，电容 C 通过负载放电，波形如图 6-1-21（b）中 AB 所示；

在 $t_2 \sim t_3$ 期间，因 $v_C < v_2$，V 正偏导通，电容再次充电，波形如图 6-1-21（b）中 BC。

重复上述过程，可得近于平滑波形。这说明，通过电容的充放电，输出直流电压中的脉动成分大为减小。

全波整流电容滤波输出波形如图 6-1-22 所示。

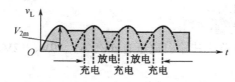

图 6-1-22 全波整流电容滤波输出波形

（1）输出电压的计算

① 半波整流电容滤波

$$V_L \approx V_2$$

② 全波整流电容滤波

$$V_L \approx 1.2V_2$$

（2）滤波电容 C 的选择

① 半波整流放电

$R_L C \geqslant$（3～5）T（T 交流电压周期）

即 $C \geqslant$（3～5）T/R_L

② 全波整流 C 放电

$R_L C \geqslant$（3～5）$T/2$

即 $C \geqslant$（3～5）$T/2R_L$

通常 C 耐压取 V_2 的 1.5～2 倍，即大于 $2V_2$

2）电感滤波电路

电感滤波电路如图 6-1-23 所示，当流过电感的电流发生变化时，线圈中产生自感电势阻碍电流的变化，使负载电流和电压的脉动减小。对直流分量：$X_L=0$，L 相当于短路，电压大部分降在 R_L 上。对谐波分量：f 越高，X_L 越大，电压大部分降在 L 上。因此，在负载上得到比较平滑的直流电压。LC 滤波适合于电流较大、要求输出电压脉动较小的场合，用于高频时更为合适。

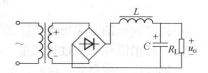

图 6-1-23 电感电容滤波电路

3．集成稳压电源

经过整流滤波后的直流电压，会随交流电源的波动以及负载或温度的变化而变化，必须在整流滤波电路和负载之间附加稳压电路。

集成稳压电源又称集成稳压器，是把稳压电路中的大部分元件或全部元件制作在一片硅片上而成为集成稳压块，是一个完整的稳压电路。它具有体积小、重量轻、可靠性高、使用灵活、价格低廉等优点。集成稳压电源的种类很多，按工作方式可分为线性串联型和开关型；按输出方式可分为固定式和可调式。

1）三端固定式集成稳压器

国产三端固定式稳压器主要有 W7800 系列（输出正电压）和 W7900（输出负电压）。三端固定集成稳压器在使用时，首先要根据输出电压的正、负选择 7800 系列或 7900 系列。7800 系列是正稳压器，7900 系列是负稳压器，它们的输出电压分别是+5V～+24V 和-5V～-24V。输出电流有 0.1A、0.5A 和 1.5A。

以 W7800 三端稳压器为例：

W7800 为固定式稳压电路，其输出电压有 5V、6V、9V、12V、15V、18V、24V 等档级。最后两位数表示输出电压值。

三端集成稳压器的输出电流有大、中、小之分，并分别用不同符号表示。

输出为小电流，代号"L"。例如，78L××，最大输出电流为 0.1A。

输出为中电流，代号"M"。例如，78M××，最大输出电流为 0.5A。

输出为大电流，代号"S"。例如，78S××，最大输出电流为 2A。

例如：W7805，表示输出电压为 5V、最大输出电流为 1.5A；W78M05，表示输出电压为 5V、最大输出电流为 0.5A；W78L05，表示输出电压为 5V、最大输出电流为 0.1A。

固定输出的三端集成稳压器的三端指输入端、输出端及公共端三个引出端，其外形如图 6-1-24（a）所示。1 为输入脚，2 为输出脚，3 为接地脚。

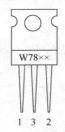

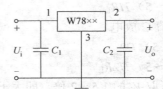

（a）固定输出三端集成稳压器的外形　　　　（b）固定输出三端集成稳压器基本应用电路

图 6-1-24　固定输出三端集成稳压器

固定输出的三端集成稳压器的基本应用电路如图 6-1-21（b）所示。图中：C_1 用以抑制过电压，抵消因输入线过长产生的电感效应，可防止电路自激振荡；C_2 用以改善负载的瞬态响应，即瞬时增减负载电流时不致引起输出电压有较大的波动。C_1、C_2 一般选涤纶电容，容量为 0.1μF 至几μF。安装时，两电容应直接与三端集成稳压器的引脚根部相连。

2）三端可调式集成稳压器

三端可调式集成稳压器有输出为正电压的 W117、W217、W317 系列和负电压的 W137、W237、W337 系列。

W117、W217M 和 W317L 的最大输出电流分别为 1.5A、0.5A、0.1A。W117、W217M 和 W317L 具有相同的引出端、相同的基准电压和相似的内部电路。其外形和 W7800 系列相同，不同的是 1 为调整脚，3 为输出脚，2 为输入脚。

◆　对于特定的稳压器，基准电压 U_{REF} 是 1.2～1.3V 中的某一个值，典型值为 1.25V；

◆　W117、W217M 和 W317L 的输出端和输入端电压之差为 3～40V，过低时不能保证调整管工作在放大区，从而使稳压电路不能稳压；过高时调整管可能因管压降过大而击穿；

◆　外接取样电阻不可少，根据最小输出电流 I_{omin} 可以求出 R_1 的最大值；

◆　调整端电流很小，且变化也很小；

◆ 与 W7800 系列产品一样，W117、W217M 和 W317L 在电网电压波动和负载电阻变化时，输出电压非常稳定。

W317 组成的三端稳压电路如图 6-1-25 所示，为了保证 R_1 上的电流不小于 5mA，故取 $R_1=U_{REF}/5=1.25/5=0.25k\Omega$，实际应用中 R_1 取标称值 240Ω。忽略调整端的输出电流，R_1 与 R_P 为串联关系，因此改变 R_P 的大小即可调整输出电压。

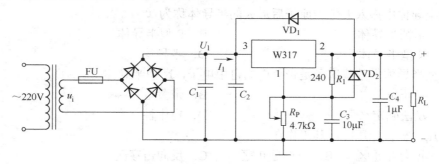

图 6-1-25 可调输出三端集成稳压电路

知识拓展——简单实用的功率控制电路

利用二极管的单向导电性，可以把交流电变成直流电，如果采用半波整流，则输出电压大约是输入电压有效值的 1/2，利用这一点可以实现对用电器的功率控制。人们日常生活中使用的床头灯、电火锅、电褥子都属于电热产品。当不需要它们工作在额定功率时，可以采取如图 6-1-26 所示的电路，将其实际功率变为额定功率的 1/4。

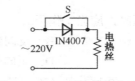

图 6-1-26 二极管控温电路

练习与思考 12

一、填空题

1．二极管的基本特性是：_____。

2．二极管的主要参数有：_____、_____、_____。

3．若采用市电供电，则通过_____、_____、_____和_____

后可得到稳定的直流电。

4. 将交流电源整流成为直流电流的二极管叫作＿＿＿＿＿＿＿＿＿＿＿＿＿＿。

5. 稳压管的稳压区是其工作在＿＿＿＿＿＿＿＿＿＿状态。

二、选择题（选择正确的答案填入括号内）

1. 在半导体中掺入五价磷原子后形成的半导体称为（ ）。

    A. 本征半导体　　　　　　　　　　B. P 型半导体

    C. N 型半导体　　　　　　　　　　D. 半导体

2. N 型半导体多数载流子是带负电的自由电子，N 型半导体（ ）。

    A. 带正电　　　　　　　　　　　　B. 带负电

    C. 没法确定　　　　　　　　　　　D. 电中性

3. 稳压二极管稳压时，其工作在（ ）。

    A. 正向导通区　　　B. 反向截止区　　　C. 反向击穿区

4. 发光二极管发光时，其工作在（ ）。

    A. 正向导通区　　　B. 反向截止区　　　C. 反向击穿区

5. 二极管两端加上正向电压时（ ）。

    A. 一定导通　　　　　　　　　　　B. 超过死区电压才能导通

    C. 超过 0.7V 才导通　　　　　　　D. 超过 0.3V 才导通

6. 二极管两端加上正向电压时（ ）。

    A. 一定导通　　　　　　　　　　　B. 超过死区电压才能导通

    C. 超过 0.7V 才导通　　　　　　　D. 超过 0.3V 才导通

7. 整流的目的是（ ）。

    A. 将交流变为直流　　　　　　　　B. 将高频变为低频

    C. 将正弦波变为方波

8. 半导体稳压二极管正常稳压时，应当工作于（ ）。

    A. 反向偏置击穿状态　　　　　　　B. 反向偏置未击穿状态

    C. 正向偏置导通状态　　　　　　　D. 正向偏置未导通状态

9. 稳压二极管构成的稳压电路，其接法是（ ）。

    A. 稳压二极管与负载电阻串联　　　B. 稳压二极管与负载电阻并联

    C. 限流电阻与稳压二极管串联后，负载电阻再与稳压二极管并联

10. 电路如图 6-1-27 所示，设二极管正向电阻为零，反向电阻无穷大，则电压 U_{AB} 为（ ）。

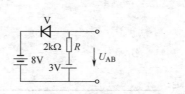

图 6-1-27

    A. –3V　　　　　　　B. 5V　　　　　　　C. 8V　　　　　　　D. –8V

四、分析计算题

1．在同一测试电路中，分别测得 A、B、C 三个二极管电流如下，你认为哪一个二极管性能最好？为什么？

表 6-1-5　二极管正反向电流表

管号	加 0.5V 正向电压时的电流	加反向电压时的电流
A	0.5mA	1μA
B	5mA	0.1μA
C	2mA	5μA

2．二极管电路如图 6-1-28 所示，判断图中二极管是导通还是截止，并求 U_o，设二极管导通电压为 0.7V。

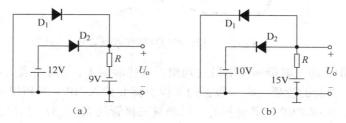

图 6-1-28

任务 6-2　音乐门铃的制作

1．任务目标

（1）掌握三极管的识别。
（2）掌握三极管基本放大电路。

2．元件清单

（1）万用表、3V 电池盒、电烙铁、焊锡丝、松香、刮刀、镊子、钳子各 1 个、连接导线若干；
（2）三极管 9013、按钮开关、扬声器、音乐集成电路 KD153-H 各 1 个。

3．实践操作

（1）三极管 9013 的基极和类型判别。万用表置于 R×1k 挡。用万用表的第一根表笔依次接三极管的一个引脚，而第二根表笔分别接另两根引脚，以测量三极管三个电极中每两个极之间的正、反向电阻值。

当第一根表笔接某电极，而第二根表笔先后接触另外两个电极均测得较小电阻值时，则第一根表笔所接的那个电极即为基极 b。如果接基极 b 的第一根表笔是红表笔，则可判定三极管为 PNP 型；如果是黑表笔接基极 b，则可判定三极管为 NPN 型。测量方法如图 6-2-1 所示。

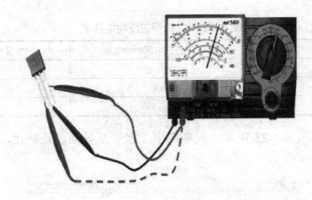

图 6-2-1　三极管类型判断和基极测量

（2）三极管 9013 的发射极和集电极的判别。选择能测 h_{FE} 的万用表。将万用表置于 R×1k 挡，根据被测三极管的管型，将三极管的基极引脚 b 插入 NPN 或 PNP 对应的插孔，另两个引脚分别插入 NPN 或 PNP 的其他插孔，以测量三极管的 h_{FE}（β），然后再将三极管倒过来（基极 b 位置不变）再测一遍，两次测量结果明显不同，测得 h_{FE}（β）值比较大的一次时，三极管的三个引脚极性恰好分别对应 NPN 或 PNP 插孔上的 e、b、c。测量方法如图 6-2-2 所示。

（3）三极管性能简易判断

简易判断三极管性能时，可将万用表置于 R×1k 挡，分别用红、黑表笔测量三极管各极间阻值，然后将测量结果对照表 6-2-1 大致判断三极管的好坏。

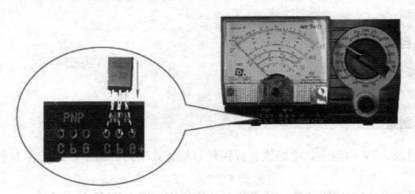

图 6-2-2　三极管引脚及放大倍数的测量

（4）三极管材料判别

在判别出三极管的管型和各管脚名称之后，通过测量 PN 结的正向导通电压（硅管约为 0.7V，锗管约为 0.3V）或 PN 结的正向电阻（锗管的正向直流电阻为几百欧以上，硅管在几千欧以上），可判别出管子材料类别。9013 的管脚排列如图 6-2-3 所示。

表 6-2-1　三极管性能的简易判别表

类型	测量电极	正向电阻	反向电阻	正向电阻	反向电阻	正向电阻	反向电阻
硅	b-e	几百到几千欧姆	大于500kΩ	∞	0	几百到几千欧姆	小于500kΩ
	b-c	几百到几千欧姆	大于500kΩ	∞	0	几百到几千欧姆	小于500kΩ
	c-e	大于2MΩ		—	—	大于2MΩ	
	结论	正常		b-c、b-e 极开路	b-c、b-e 极短路	管子漏电大	
锗	b-e	几百欧姆到一千欧姆	大于400kΩ	∞	0	几百欧姆到一千欧姆	小于400kΩ
	b-c	几百欧姆到一千欧姆	大于400kΩ	∞	0	几百欧姆到一千欧姆	小于400kΩ
	c-e	大于几千欧姆		—	—	大于几千欧姆	
	结论	正常		b-c、b-e 极开路	b-c、b-e 极短路	管子漏电大	

图 6-2-3　三极管 9013 外形图

（5）音乐集成电路 KD-153H 外形如图 6-2-4 所示，1 为电源正极，4 为电源负极，2 为输入端，3 为输出端。其对应的使用原理如图 6-2-5 所示。

图 6-2-4　KD-153H 外形图

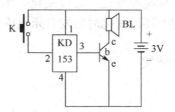

图 6-2-5　KD-153H 使用原理图

（6）扬声器。采用 Φ55 毫米或 Φ65 毫米、阻抗 8 欧姆的永磁场声器（如图 6-2-6 所示）。可用万用表 $R\times1$ 挡检测。当两只表笔分别碰触扬声器两个接线片时，扬声器将发出"喀喀"声。

图 6-2-6　扬声器

（7）将所用导线、三极管引脚、扬声器接线片镀锡。

（8）将三极管 9013 按如图 6-2-7 所示电路板上标志插入小孔，用电烙铁焊好。为防止电烙铁外壳感应带电损坏集成电路，电烙铁外壳应妥善接地或电烙铁烧热后，拔下电源插头后趁热焊接。焊接时间要短，焊点要小而圆。注意防止相邻焊点相碰而发生短路。

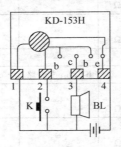

图 6-2-7　KD-153H 电路板

（9）焊接扬声器。将两根短导线一端焊在扬声器两个接线片上，另一端分别焊在如图 6-2-7 所示电路板的 1、3 两端。

（10）按照如图 6-2-7 所示焊接按钮开关。

（11）所有元件焊接完毕后应逐个检查各焊点的焊接情况，不应有假焊和虚焊，各焊点应大小合适，防止相邻焊点短路。接上由两节电池组成的电源，注意正负极，按一下按钮开关，扬声器将发出悦耳、响亮的铃声。

（12）拓展和延伸。在电子门铃的基础上，增加少量元件，就可以制成自动报警器。

我们知道，在上面的门铃电路中，当按下开关时，电路板上的 2 端和 1 端接通，音乐集成电路被触发而发声。如果去掉开关，而用其他方法去触发电路，就可以制成自动报警器。

自动报警器一般是利用传感器自动触发音乐集成电路，传感器可以把周围环境中的"非电量"的变化如亮度变化、温度变化、水位变化等转化为电路的通断，所以利用不同的传感器可以在不同的环境变化时触发音乐集成电路而提供报警。

 知识链接

6.2　半导体三极管及其应用

6.2.1　半导体三极管

在半导体器件中，除了半导体二极管外还有一种广泛应用于各种电子电路的重要器件，那就是半导体三极管，通常也称为晶体管。半导体三极管在电子电路里的主要作用是放大和开关作用。

半导体三极管具有电流放大作用，它分为双极型和单极型两种类型。

双极型半导体三极管（Bipolar Junction Transistor，BJT），又称为晶体三极管，简称三极管。因工作时有空穴和电子两种载流子参与导电而得名。

单极型半导体三极管又称场效应管（Field Effect Transistor，FET），它是一种利用电场效应控制输出电流的半导体三极管，工作时只有一种载流子（多数载流子）参与导电，故称单极型半导体三极管。

1. 三极管的结构、符号与分类

1）三极管的外形

三极管从封装外形来分，一般有硅酮塑料封装、金属封装，以及用于表面安装的片状三极管，目前常用的 90×× 系列三极管采用 TO-92 型塑封，它们的型号一般都标在塑壳上。如图 6-2-8 所示。

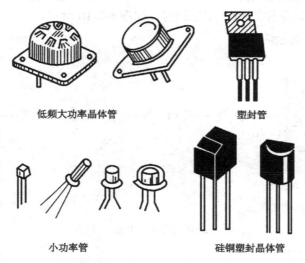

低频大功率晶体管　　　　　　　　塑封管

小功率管　　　　　　硅铜塑封晶体管

图 6-2-8　常见三极管外形图

2）三极管的结构与符号

三极管的共同特征就是具有三个电极，这就是"三极管"简称的来历。分别从三极管内部引出，三极管的核心是两个互相联系的 PN 结，它是根据不同的掺杂工艺在一个硅片上制造出三个掺杂区域而形成。在三个掺杂区域中，位于中间的区域称为基区，引出基极，两边的区域称为发射区和集电区，分别引出发射极和集电极；基区和发射区的 PN 结称为发射结，基区和集电区的 PN 结称为集电结。如图 6-2-9 所示，图中三层结构即为三极管的三个区，中间比较薄的一层为基区，另外两层同为 N 型或 P 型，其中尺寸相对较小、多数载流子浓度相对较高的一层为发射区，另一层则为集电区。三极管的这种内部结构特点，是三极管能够起放大作用的内部条件。三个区各自引出三个电极，分别为基极（b）、发射极（e）和集电极（c）。

三极管内部结构中有两个具有单向导电性的 PN 结，因此三极管可以用作开关元件，同时由于两个 PN 结的相互影响，使三极管呈现出不同于单个 PN 的特性，即具有电流放大功能，从而使 PN 结的应用发生了质的飞跃。

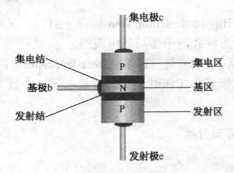

图 6-2-9 三极管的结构

三极管内部为由 P 型半导体和 N 型半导体组成的三层结构，所以根据两个 PN 结组合方式不同，三极管可分为 NPN 型和 PNP 型两大类。如果两边是 N 区，中间夹着 P 区，就称为 NPN 型三极管；反之，则称为 PNP 型三极管。如图 6-2-10 所示。

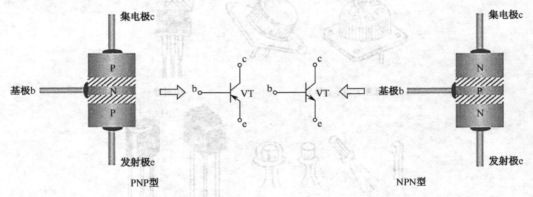

图 6-2-10 NPN 与 PNP 三极管

3）三极管的分类

三极管的分类有很多种，其分类如下：

（1）按材质分：硅管、锗管；

（2）按结构分：NPN、PNP。如图 6-2-10 所示；

（3）按功能分：开关管、功率管、达林顿管、光敏管等；

（4）按功率分：小功率管、中功率管、大功率管；

（5）按工作频率分：低频管、高频管、超频管；

（6）按结构工艺分：合金管、平面管；

（7）按安装方式分：插件三极管、贴片三极管。如图 6-2-11 所示。

图 6-2-11 贴片三极管

6.2.2 三极管放大电路基础知识

1. 三极管中的电流分配和放大作用

只要给电路中的三极管外加合适的电源电压，就会产生电流 I_b、I_c 和 I_e，这时很小的 I_b 就可以控制比它大上百倍的 I_c。显然 I_c 不是由三极管产生的，而是由电源电压在 I_b 的控制下提供的，这就是三极管的能量转换作用。如图 6-2-12 所示为三极管的电流放大示意图。

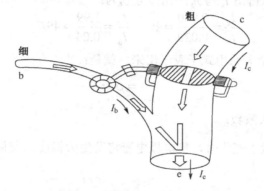

图 6-2-12 三极管电流放大示意图

三极管的各极电流之间有一定的规律。我们通过一个试验来说明，电路如图 6-2-13 所示。

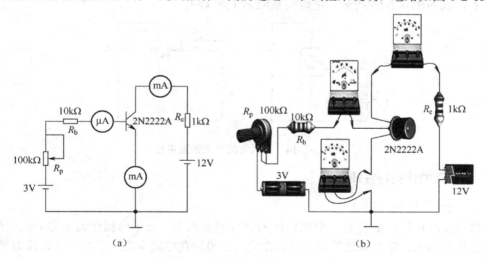

（a）   （b）

图 6-2-13 三极管电流放大试验电路

可以看出，三极管的发射结加的是正向电压，集电结加的是反向电压，只有这样才能保证三极管工作在放大状态。改变可变电阻 R_p，则基极电流 I_b、集电极电流 I_c 和发射极电流 I_e 都发生变化。测量数据如表 6-2-2 所示。

表 6-2-2　三极管各极电流测量数据　　　　　　单位：mA

I_b	0	0.010	0.020	0.040	0.060	0.080
I_c	<0.001	0.485	0.980	1.990	2.995	3.955
I_e	<0.001	0.495	1.000	2.030	3.055	4.075

仔细观察表中的数据，我们可以得到这样的结论：

（1）每列的数据都满足基尔霍夫电流定律，即：$I_e = I_c + I_b$；

（2）每一列中的集电极电流都比基极电流大得多，且基本上满足一定的比例关系，从第四列和第五列的数据可以得出 I_c 与 I_b 的比值分别为：

$$\frac{I_c}{I_b} = \frac{0.980}{0.020} = 49 , \quad \frac{I_c}{I_b} = \frac{1.99}{0.04} = 49.75$$

基本上约为 50。这个关系用式子表示出来，就是：

$$\frac{I_c}{I_b} = \bar{\beta}$$

$\bar{\beta}$ 称为直流电流放大系数。

（3）当基极电流有微小变化时，集电极电流将发生大幅度的变化。即 $\beta = \dfrac{\Delta I_c}{\Delta I_b}$，$\beta$ 称为交流电流放大系数。

（4）当 $I_b = 0$（将基极开路）时，$I_c = I_{ceo}$，表中 $I_{ceo} < 1\mu A$（0.001mA）。I_{ceo} 称为穿透电流，要使晶体管起放大作用，发射结必须正向偏置，而集电结必须反向偏置。这时，三电极电流 I_b、I_c、I_e 方向如图 6-2-14 所示，电位关系应为 $V_c > V_b > V_e$。

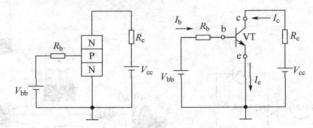

图 6-2-14　三极管的直流偏置电压

2. 三极管的伏安特性曲线

1）三极管特性曲线测试

三极管在应用时，必定有一个电极作为信号的输入端，一个电极作为信号的输出端，另一个电极作为输入、输出回路的公共端，由此，三极管在电路中有三种组态（连接方式）。如图 6-2-15 所示。

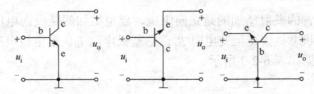

图 6-2-15　三极管的连接方式

2）三极管共射输入特性曲线

如图 6-2-16 所示的共射输入特性曲线是指当 U_{ce} 为某一定值时，基极电流 I_b 和发射极电压 U_{be} 之间关系。

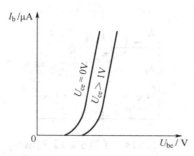

图 6-2-16 共射输入特性曲线

3）共射输出特性曲线

共射输出特性曲线是在基极电流 I_b 为一常量的情况下，集电极电流 I_c 和管压降 U_{ce} 之间的关系。通常把三极管输出特性曲线分为截止、饱和和放大三个区域。如图 6-2-17 所示。

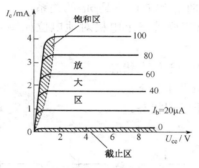

图 6-2-17 共射输出特性曲线

输出特性三个区域的特点：

放大区：发射结正偏，集电结反偏。即：$I_c=\beta I_B$，且 $\Delta I_c=\beta\Delta I_b$。c 和 e 间相当于一个受控的电流源；

饱和区：发射结正偏，集电结正偏。即：即 $U_{ce}<U_{be}$，$\beta I_b>I_c$，$U_{ce}\approx0.3V$。c 和 e 间相当于一个闭合开关；

截止区：$U_{be}<$ 死区电压，$I_b=0$，$I_c\approx0$。c 和 e 间相当于一个断开开关。

【例 6-2-1】如图 6-2-18 所示，$\beta=50$，$V_{cc}=12V$，$R_b=70k\Omega$，$R_c=6k\Omega$，当 $V_{bb}=-2V$，2V，5V 时，三极管的工作在哪个区？

解：① 当 $V_{bb}=-2V$ 时：$I_b=0$，$I_C=0$，三极管工作在截止区；

I_C 的最大电流为：$I_{cmax}\approx\dfrac{V_{cc}}{R_c}=\dfrac{12}{6}=2(mA)$；

② 当 $V_{bb}=2V$ 时：

$I_b=\dfrac{V_{bb}-U_{be}}{R_b}=\dfrac{2-0.7}{70}=0.019(mA)$；

$I_c = \beta I_b = 50 \times 0.019 = 0.95(\text{mA}) < I_{c\max}$;

三极管工作在放大区。

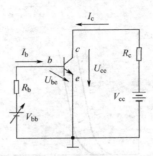

图 6-2-18　【例 6-2-1】题图

③ 当 $V_{bb} = 5\text{V}$ 时：

$I_b = \dfrac{V_{bb} - U_{be}}{R_b} = \dfrac{5 - 0.7}{70} = 0.061(\text{mA})$ ；

$\beta I_b = 50 \times 0.061 = 3.05(\text{mA}) > I_{c\max}$ ；

三极管工作在饱和区，此时 I_c 和 I_b 已不是 β 倍的关系。

【例 6-2-2】在电路中测出三极管三个电极对地电位如图 6-2-19 所示，则该三极管处于何种状态。

解：对于（a）图，三极管处于放大状态；

对于（b）图，三极管处于截止状态；

对于（c）图，三极管处于饱和状态。

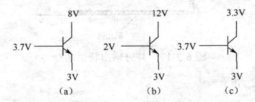

图 6-2-19　【例 6-2-2】题图

【例 6-2-3】测得工作在放大状态的三极管的两个电极电流如图 6-2-20（a）所示。（1）求另一个电极电流，并在图中标出实际方向；（2）标出 e、b、c 极，判断该管是 NPN 型还是 PNP 型管；（3）估算其 β 值。

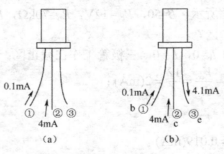

图 6-2-20　【例 6-2-3】题图

解：（1）因为晶体管的电流分配关系满足基尔霍夫电流定律，①脚和②脚的电流流入管内，③脚的电流必然流出管外，大小为：4＋0.1=4.1(mA)；

（2）因为③脚电流最大，①脚电流最小，故③脚为 e 极，①脚为 b 极，②脚为 c 极，为 NPN 型管。

（3）$\beta = \dfrac{I_b}{I_c} = \dfrac{4}{0.1} = 40$。

3．三极管的主要参数

晶体管的参数表征了晶体管的性能和适用范围，是合理选用和正确使用晶体管的依据。

1）电流放大系数

（1）三极管共发射极直流放大系数 $\overline{\beta}$，是在共发射极电路没有交流输入信号的情况下，I_c 和 I_b 的比值，即 $\dfrac{I_c}{I_b} = \overline{\beta}$。

（2）三极管共发射极交流放大系数 β 是指在共发射极电路中，输出集电极电流 I_c 的变化量与输入基极电流 I_b 的变化量的比值，即 $\beta = \dfrac{\Delta I_c}{\Delta I_b}$

2）极间反向电流

（1）集电极—基极反向饱和电流 I_{cbo}，是指在发射极开路时，基极和集电极之间的反向电流。I_{cbo} 的大小标志集电结质量的好坏，I_{cbo} 越小越好。所以在工作环境温度变化较大的场所一般都选用硅管。

（2）集电极—发射极间反向电流 I_{ceo}，是指基极开路时，从集电极穿过基区流到发射极的电流，又叫穿透电流。$I_{ceo}=I_{cbo}+\beta I_{cbo}=(1+\beta)I_{cbo}$，$I_{ceo}$ 也是衡量三极管质量好坏的一个标准，其值越小越好。在输出特性曲线上，$I_b=0$ 时对应的 I_{ce} 即为 I_{ceo}。

3）极限参数

（1）集电极最大允许电流 I_{cm}，由三极管的输出特性曲线可知，I_c 超过一定数值时，晶体管的 β 值开始下降。

（2）极间反向击穿电压（$U_{(BR)ceo}$、$U_{(BR)ebo}$）表示外加在三极管各电极之间的最大允许反向电压。

（3）集电极最大允许耗散功率 P_{cm}，集电极最大允许耗散功率是指集电极温度未超过允许值（硅管为150℃，锗管为70℃）时，集电极所允许的最大功耗，用 P_{cm} 表示，$P_{cm} = I_c U_{ce}$。

4）特征频率

当 $f=f_T$ 时，三极管完全失去电流放大功能，如果工作频率大于 f_T 电路将不正常工作。

4．三极管的选用要点

1）为保证三极管工作在安全区，应使工作电流 $I_c < I_{cm}$，$P_c < P_{cm}$，$U_{ce} < U_{(BR)ceo}$。当需要使用功率三极管时，要满足散热条件。如果在发射结上有反向电压时，特别要注意 e、b 极间的反向电压不能超过 $U_{(BR)ebo}$。

2）在放大高频信号时，要选用高频管，以减小高频段使 β 值不致下降太多。若用于开关电路中，应选用开关管，来保证有足够高的开关速度。因为硅管的反向电流很小，允许的结温也大于锗管，所以在温度变化大的环境中应选用硅管；而要求导通电压低或电源只有 1.5V 时，应选用硅管。

3）为保证放大电路工作稳定，应选用反向电流小而且值不宜太高的管子，否则工作不稳定。一些三极管的型号和主要参数可查阅手册。

4）对于三极管的电压、电流等主要参数可以适当降额使用。例如，在要求三极管的功率为 70W 的电路中，可使用功率为 100W 的三极管，在要求三极管的电流为 1A 的电路中，可使用电流为 1.5A 的三极管。降额幅度一般可按 30%掌握。降额使用三极管，对其安全性有利，并可有效提高整机的可靠性。

【例 6-2-4】某三极管特性曲线如图 6-2-21（a）所示，已知 $I_{cm}=40mA$，$U_{(BR)ceo}\geqslant50V$，$P_{cm}=400mW$，试标出曲线的过压区、过流区和过损耗区，并估算 $U_{ce}=15V$，$I_c=15mA$ 时的 β 值。

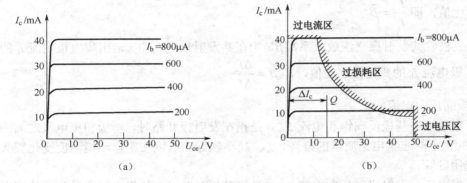

图 6-2-21　【例 6-2-4】题图

解：在如图 6-2-21（a）中，根据 $P_{cm}=I_cU_{ce}$，可以假设一个 I_c，求出一个对应的 U_{ce}，确定特性中的一个点，逐点描出过损耗区的范围，如图 6-2-21（b）所示。

在对应 $U_{ce}=15V$，$I_c=15mA$ 的 Q 点，取 $\Delta I_b=200\mu A$，得到 $\Delta I_c=10mA$，故

$$\beta = \frac{\Delta I_c}{\Delta I_b} = \frac{10}{0.2} = 50$$

6.2.3　认识场效应管

场效应管（简称 FET）是利用输入电压产生的电场效应来控制输出电流的，所以又称为电压控制型器件。它工作时只有一种载流子（多数载流子）参与导电，故也叫单极型半导体三极管。因它具有很高的输入电阻，能满足高内阻信号源对放大电路的要求，所以是较理想的前置输入级器件。它还具有热稳定性好、功耗低、噪声低、制造工艺简单、便于集成等优点，因而得到了广泛的应用。

根据结构不同，场效应管可以分为结型场效应管（JFET）和绝缘栅型场效应管（IGFET）或称 MOS 型场效应管两大类。根据场效应管制造工艺和材料的不同，又可分为 N 型沟道场效应管和 P 型沟道场效应管。

1. 结型场效应管

1）结构和符号

结型场效应管有 N 沟道和 P 沟道两种类型，其结构示意图如图 6-2-22 所示。

2）工作原理

现以 N 沟道结型场效应管为例讨论外加电场是如何来控制场效应管的电流的。

如图 6-2-23 所示，场效应管工作时它的两个 PN 结始终要加反向电压。对于 N 沟道，各极间的外加电压变为 $U_{GS} \leq 0$，漏源之间加正向电压，即 $U_{DS} > 0$。

当 G、S 两极间电压 U_{GS} 改变时，沟道两侧耗尽层的宽度也随着改变，由于沟道宽度的变化，导致沟道电阻值的改变，从而实现了利用电压 U_{GS} 控制电流 I_D 的目的。

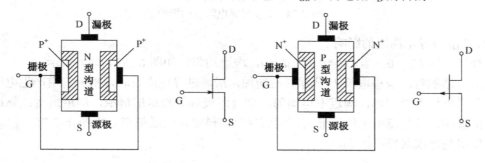

（a）N 沟道结型场效应管　　　　　　　（b）P 沟道结型场效应管

图 6-2-22　结型场效应管

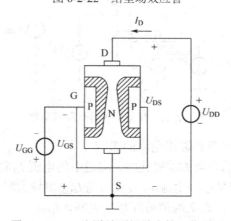

图 6-2-23　N 沟道结型场效应管工作原理

（1）U_{GS} 对导电沟道的影响

当 $U_{GS} = 0$ 时，场效应管两侧的 PN 结均处于零偏置，形成两个耗尽层，如图 6-2-24（a）所示。此时耗尽层最薄，导电沟道最宽，沟道电阻最小。

当 $|U_{GS}|$ 值增大时，栅源之间反偏电压增大，PN 结的耗尽层增宽，如图 6-2-24（b）所示。导致导电沟道变窄，沟道电阻增大。

当 $|U_{GS}|$ 值增大到使两侧耗尽层相遇时，导电沟道全部夹断，如图 6-2-24（c）所示。沟道电阻趋于无穷大。对应的栅源电压 U_{GS} 称为场效应管的夹断电压，用 $U_{GS(off)}$ 来表示。

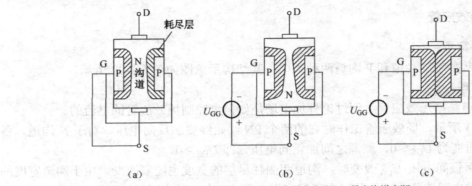

（a）导电沟道最宽；（b）导电沟道变窄；（c）导电沟道夹断

图 6-2-24　U_{GS} 对导电沟道的影响

（2）U_{DS} 对导电沟道的影响

设栅源电压 $U_{GS}=0$，当 $U_{DS}=0$ 时，$I_D=0$，沟道均匀，如图 6-2-24（a）所示。

当 U_{DS} 增加时，漏极电流 I_D 从零开始增加，I_D 流过导电沟道时，沿着沟道产生电压降，使沟道各点电位不再相等，沟道不再均匀。靠近源极端的耗尽层最窄，沟道最宽；靠近漏极端的电位最高，且与栅极电位差最大，因而耗尽层最宽，沟道最窄。由图 6-2-25 可知，U_{DS} 的主要作用是形成漏极电流 I_D。

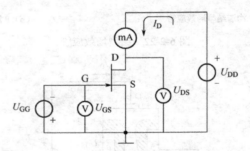

图 6-2-25　场效应管特性测试电路

（3）U_{DS} 和 U_{GS} 对沟道电阻和漏极电流的影响

设在漏源间加有电压 U_{DS}，当 U_{GS} 变化时，沟道中的电流 I_D 将随沟道电阻的变化而变化。

当 $U_{GS}=0$ 时，沟道电阻最小，电流 I_D 最大。当$|U_{GS}|$值增大时，耗尽层变宽，沟道变窄，沟道电阻变大，电流 I_D 减小，直至沟道被耗尽层夹断，$I_D=0$。

当 $0<U_{GS}<U_{GS(off)}$时，沟道电流 I_D 在零和最大值之间变化。

改变栅源电压 U_{GS} 的大小，能引起管内耗尽层宽度的变化，从而控制了漏极电流 I_D 的大小。场效应管和普通三极管一样，可以看作是受控的电流源，但它是一种电压控制的电流源。

3）结型场效应管的特性曲线

（1）转移特性曲线

转移特性曲线是指在一定漏源电压 U_{DS} 作用下，栅极电压 U_{GS} 对漏极电流 I_D 的控制关系曲线，即

$$I_D = f(U_{GS})\Big|_{U_{DS}=常数}$$

如图 6-2-26 所示为特性曲线测试电路。如图 6-2-26 所示为转移特性曲线。从转移特性曲线可知，U_{GS} 对 I_D 的控制作用如下：

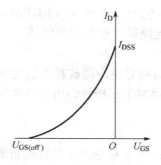

图 6-2-26　转移特性曲线

当 $U_{GS}=0$ 时，导电沟道最宽、沟道电阻最小。所以当 U_{DS} 为某一定值时，漏极电流 I_D 最大，称为饱和漏极电流，用 I_{DSS} 表示。

当 $|U_{GS}|$ 值逐渐增大时，PN 结上的反向电压也逐渐增大，耗尽层不断加宽，沟道电阻逐渐增大，漏极电流 I_D 逐渐减小。

当 $U_{GS}=U_{GS(off)}$ 时，沟道全部夹断，$I_D=0$。

（2）输出特性曲线（或漏极特性曲线）

输出特性曲线是指在一定栅极电压 U_{GS} 作用下，I_D 与 U_{DS} 之间的关系曲线，即

$$I_D = f(U_{DS})\big|_{U_{GS}=常数}$$

如图 6-2-27 所示为结型场效应管的输出特性曲线，可分成以下几个工作区。

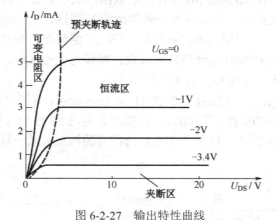

图 6-2-27　输出特性曲线

① 可变电阻区

当 U_{GS} 不变，U_{DS} 由零逐渐增加且较小时，I_D 随 U_{DS} 的增加而线性上升，场效应管导电沟道畅通。漏源之间可视为一个线性电阻 R_{DS}，这个电阻在 U_{DS} 较小时，主要由 U_{GS} 决定，所以此时沟道电阻值近似不变。而对于不同的栅源电压 U_{GS}，则有不同的电阻值 R_{DS}，故称为可变电阻区。

② 恒流区（或线性放大区）

图 2.23 中间部分是恒流区，在此区域 I_D 不随 U_{DS} 的增加而增加，而是随着 U_{GS} 的增大而增大，输出特性曲线近似平行于 U_{DS} 轴，I_D 受 U_{GS} 的控制，表现出场效应管电压控制电流的放大作用，场效应管组成的放大电路就工作在这个区域。

③ 夹断区

当 $U_{GS} < U_{GS\,(off)}$ 时，场效应管的导电沟道被耗尽层全部夹断，由于耗尽层电阻极大，因而漏极电流 I_D 几乎为零。此区域类似于三极管输出特性曲线的截止区，在数字电路中常用做开断的开关。

④ 击穿区

当 U_{DS} 增加到一定值时，漏极电流 I_D 急剧上升，靠近漏极的 PN 结被击穿，管子不能正常工作，甚至很快被烧坏。

2．绝缘栅型场效应管

在结型场效应管中，栅源间的输入电阻一般为 $10^6 \sim 10^9 \Omega$。由于 PN 结反偏时，总有一定的反向电流存在，而且受温度的影响，因此限制了结型场效应管输入电阻的进一步提高，而绝缘栅型场效应管的栅极与漏极、源极及沟道是绝缘的，输入电阻可高达 $10^9 \Omega$ 以上。由于这种场效应管是由金属（Metal）、氧化物（Oxide）和半导体（Semiconductor）组成的，故称 MOS 管。MOS 管可分为 N 沟道和 P 沟道两种。按照工作方式不同可，分为增强型和耗尽型两类。

1）N 沟道增强型绝缘栅场效应管

（1）结构和符号

图 6-2-28 所示为 N 沟道增强型 MOS 管的示意图。MOS 管以一块掺杂浓度较低的 P 型硅片做衬底，在衬底上通过扩散工艺形成两个高掺杂的 N 型区，用铝电极引出作为源极 S 和漏极 D；在 P 型硅表面制作一层很薄的二氧化硅（SiO_2）绝缘层，在二氧化硅表面再喷上一层金属铝，引出栅极 G。这种场效应管栅极同源极、漏极均无电接触，所以称为绝缘栅场效应管。通常在衬底上也引出一个电极，将之与源极相连。

绝缘栅场效应管的图形符号如图 6-2-28（b）、（c）所示，箭头方向表示沟道类型，箭头指向管内表示为 N 沟道 MOS 管（图（b）），否则为 P 沟道 MOS 管（图（c）），箭头的方向总是从半导体的 P 区指向 N 区的，这一点和三极管符号的标识方法一样。

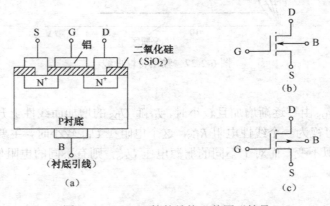

图 6-2-28　MOS 管的结构及其图形符号

（2）工作原理

如图 6-2-29（a）所示是 N 沟道增强型 MOS 管的工作原理示意图，如图 6-2-29（b）所示是相应的电路图。工作时栅源之间加正向电源电压 U_{GS}，漏源之间加正向电源电压 U_{DS}，并且源极与衬底连接，衬底是电路中最低的电位点。

当 $U_{GS}=0$ 时，漏极与源极之间没有原始的导电沟道，漏极电流 $I_D=0$。这是因为当 $U_{GS}=0$ 时，漏极和衬底以及源极之间形成了两个反向串联的 PN 结，当 U_{DS} 加正向电压时，漏极与衬底之间 PN 结反向偏置的缘故。

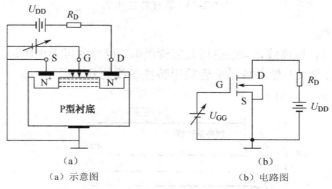

（a）　　　　　　　　　　　（b）

（a）示意图　　　　　　　　（b）电路图

图 6-2-29　N 沟道增强型 MOS 管工作原理

当 $U_{GS}>0$ 时，栅极与衬底之间产生了一个垂直于半导体表面、由栅极 G 指向衬底的电场。这个电场的作用是排斥 P 型衬底中的空穴而吸引电子到表面层，当 U_{GS} 增大到一定程度时，绝缘体和 P 型衬底的交界面附近积累了较多的电子，形成了 N 型薄层，称为 N 型反型层。反型层使漏极与源极之间成为一条由电子构成的导电沟道，当加上漏源电压 U_{GS} 之后，就会有电流 I_D 流过沟道。通常将刚刚出现漏极电流 I_D 时所对应的栅源电压称为开启电压，用 $U_{GS(th)}$ 表示。

当 $U_{GS}>U_{GS(th)}$ 时，U_{GS} 增大、电场增强、沟道变宽、沟道电阻减小、I_D 增大；反之，U_{GS} 减小，沟道变窄，沟道电阻增大，I_D 减小。所以改变 U_{GS} 的大小，就可以控制沟道电阻的大小，从而达到控制电流 I_D 的大小，随着 U_{GS} 的增强，导电性能也跟着增强，故称为增强型。

必须强调，这种管子当 $U_{GS}<U_{GS(th)}$ 时，反型层（导电沟道）消失，$I_D=0$。只有当 $U_{GS}\geqslant U_{GS(th)}$ 时，才能形成导电沟道，并有电流 I_D。

（3）特性曲线

① 转移特性曲线

转移特性曲线是指在一定漏源电压 U_{DS} 作用下，栅极电压 U_{GS} 对漏极电流 I_D 的控制关系曲线，即

$$I_D = f(U_{GS})\Big|_{U_{DS}=常数}$$

由图 6-2-30 所示的转移特性曲线可见，当 $U_{GS}<U_{GS(th)}$ 时，导电沟道没有形成，$I_D=0$。当 $U_{GS}\geqslant U_{GS(th)}$ 时，开始形成导电沟道，并随着 U_{GS} 的增大，导电沟道变宽，沟道电阻变小，电流 I_D 增大。

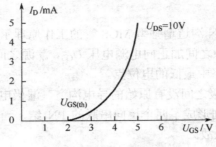

图 6-2-30　转移特性曲线

② 输出特性曲线

图 6-2-31 为输出特性曲线，与结型场效应管类似，也分为可变电阻区、恒流区（放大区）、夹断区和击穿区，其含义与结型场效应管输出特性曲线的几个区相同。

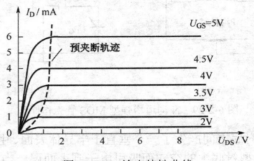

图 6-2-31　输出特性曲线

2）N 沟道耗尽型绝缘栅场效应管

（1）结构、符号和工作原理

N 沟道耗尽型 MOS 管的结构如图 6-2-32（a）所示，图形符号如图 6-2-32（b）所示。N 沟道耗尽型 MOS 管在制造时，在二氧化硅绝缘层中掺入了大量的正离子，这些正离子的存在，使得 $U_{GS}=0$ 时，就有垂直电场进入半导体，并吸引自由电子到半导体的表层而形成 N 型导电沟道。

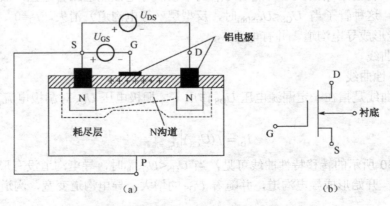

图 6-2-32　N 沟道耗尽型 MOS 管的结构和符号

如果在栅源之间加负电压，U_{GS} 所产生的外电场就会削弱正离子所产生的电场，使得沟道变窄，电流 I_D 减小；反之，电流 I_D 增加。故这种管子的栅源电压 U_{GS} 可以是正的，也可以是负的。改变 U_{GS}，就可以改变沟道的宽窄，从而控制漏极电流 I_D。

（2）特性曲线

① 转移特性曲线

N 沟道耗尽型 MOS 管的转移特性曲线如图 6-2-33（b）所示。从图中可以看出，这种 MOS 管可正可负，且栅源电压 U_{GS} 为零时，灵活性较大。

当 $U_{GS}=0$ 时，靠绝缘层中正离子在 P 型衬底中感应出足够的电子，而形成 N 型导电沟道，获得一定的 I_{DSS}。

当 $U_{GS}>0$ 时，垂直电场增强，导电沟道变宽，电流 I_D 增大。

当 $U_{GS}<0$ 时，垂直电场减弱，导电沟道变窄，电流 I_D 减小。

当 $U_{GS}=U_{GS(th)}$ 时，导电沟道全夹断，$I_D=0$。

② 输出特性曲线

N 沟道耗尽型 MOS 管的输出特性曲线如图 6-2-33（a）所示，曲线可分为可变电阻区、恒流区（放大区）、夹断区和击穿区。

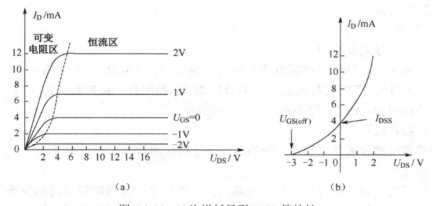

（a）　　　　　　　　　　　　　　（b）

图 6-2-33　N 沟道耗尽型 MOS 管特性

6.2.4　认识晶闸管

1. 单向晶闸管结构及等效

1）晶闸管的简介

硅晶体闸流管（Thyristor），简称晶闸管，指的是具有四层交错三端的半导体装置（$P_1N_1P_2N_2$），如图 6-2-34 所示，由最外的 P1 层和 N2 层引出两个电极，分别为阳极 a 和阴极 k，由中间 P_2 层引出的电极是门极 g（也称控制极）。最早出现的一种是硅控整流器（Silicon Controlled Rectifier，SCR），通常简称可控硅，又称半导体控制整流器，是一种具有三个 PN 结的功率型半导体器件，为第一代半导体电力电子器件的代表。晶闸管的特点是具有可控的单向导电，即与一般的二极管相比，可以对导通电流进行控制。晶闸管具有以小电流（电压）控制大电流（电压）的作用，且具有体积小、重量轻、耐震动、效率高、容量大、耐压高、无火花、寿命长、控制性能好等优点。广泛应用于各种无触点、大功率控制系统，在电力电子技术中占有重要地位。

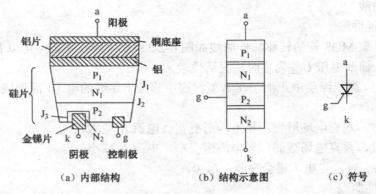

（a）内部结构　　　　　　（b）结构示意图　　　　　（c）符号

图 6-2-34　晶闸管的结构、符号

晶闸管是一种大功率开关型半导体器件，在电路中用符号"V""VT"表示（旧标准中用字母"SCR"表示）。

2）晶闸管分类

（1）按关断、导通及控制

晶闸管按其关断、导通及控制方式可分为普通晶闸管（SCR）、双向晶闸管（TRIAC）、逆导晶闸管（RCT）、门极关断晶闸管（GTO）、BTG 晶闸管、温控晶闸管（TT 国外，TTS 国内）和光控晶闸管（LTT）等多种。

（2）按引脚和极性

晶闸管按其引脚和极性可分为二极晶闸管、三极晶闸管和四极晶闸管。

（3）按封装形式

晶闸管按其封装形式可分为金属封装晶闸管、塑封晶闸管和陶瓷封装晶闸管三种类型。其中，金属封装晶闸管又分为螺栓形、平板形、圆壳形等多种；塑封晶闸管又分为带散热片型和不带散热片型两种。其外形如图 6-2-35 所示。

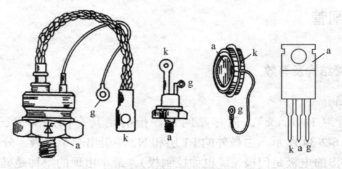

图 6-2-35　晶闸管的外形

（4）按电流容量分类

晶闸管按电流容量可分为大功率晶闸管、中功率晶闸管和小功率晶闸管三种。通常，大功率晶闸管多采用金属壳封装，而中、小功率晶闸管则多采用塑封或陶瓷封装。

（5）按关断速度

晶闸管按其关断速度可分为普通晶闸管和快速晶闸管，快速晶闸管包括所有专为快速应用而设计的晶闸管，有常规的快速晶闸管和工作在更高频率的高频晶闸管，可分别应用于400Hz 和 10kHz 以上的斩波或逆变电路中。（备注：高频不能等同于快速晶闸管）

2）晶闸管导通关断实验

① 实验电路

电路的连接如图 6-2-36 所示。

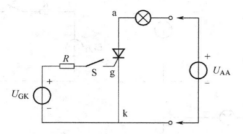

图 6-2-36　晶闸管实验电路

① 阳极与阴极之间通过灯泡接电源 U_{AA}。

② 控制极与阴极之间通过电阻 R 及开关 S 接控制电源（触发信号）U_{GG}。

（2）操作过程及现象

① S 断开，$U_{GK}=0$，U_{AA} 为正向，灯泡不亮，称为正向阻断，如图 6-2-37（a）所示。

② S 断开，$U_{GK}=0$，U_{AA} 为反向，灯泡不亮，如图 6-2-37（b）所示。

③ S 合上，U_{GK} 为正向，U_{AA} 为反向，灯泡不亮，称为反向阻断，如图 6-2-37（c）所示。

④ S 合上，U_{GK} 为正向，U_{AA} 为正向，灯泡亮，如图 6-2-37（d）所示。

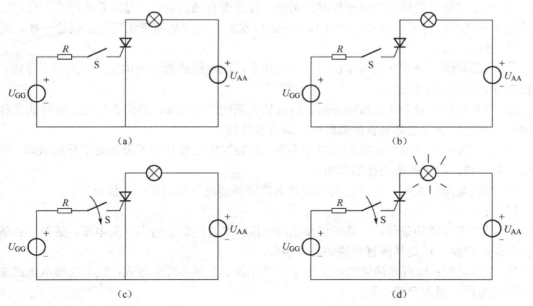

图 6-2-37　晶闸管导通关断条件试验电路

⑤ 在④的基础上把 S 断开，灯泡仍亮，如图 6-2-37（e）所示。

⑥ 在⑤的基础上降低 U_{AA} 的值，灯泡变暗，如图 6-2-37（f）所示。

⑦ S 合上，U_{GK} 为反向，U_{AA} 为正向，灯泡不亮，如图 6-2-37（g）所示。

⑧ S 合上，U_{GK} 为反向，U_{AA} 为反向，灯泡不亮，如图 6-2-37（h）所示。

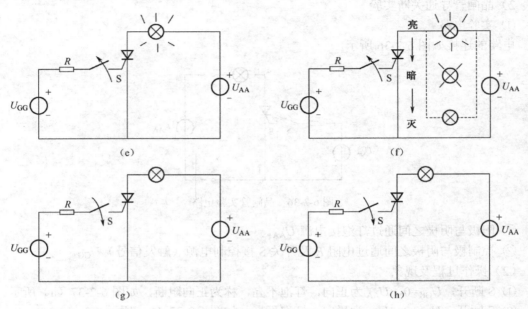

图 6-2-37　晶闸管导通关断条件试验电路（续）

（3）实验结果及说明

① 当晶闸管承受反向阳极电压时，无论门极是否有触发电流，晶闸管不导通，只有很小的反向漏电流流过管子，这种状态称为反向阻断状态。说明晶闸管像整流二极管一样，具有单向导电性。

② 当晶闸管承受正向阳极电压时，门极加上反向电压或者不加电压，晶闸管不导通，这种状态称为正向阻断状态。

③ 当晶闸管承受正向阳极电压时，门极加上正向触发电压，晶闸管导通，这种状态称为正向导通状态。这就是晶闸管闸流特性，即可控特性。

④ 晶闸管一旦导通后维持阳极电压不变，将触发电压撤除管子仍然处于导通状态。即晶闸管一旦导通，门极就失去控制作用。

⑤ 要使晶闸管关断，只能使晶闸管的电流降到接近于零的某一数值以下。

结论：

① 晶闸管导通的条件：一是阳极加正向电压；二是门极加适当正向电压。条件一和条件二需要同时满足，这是晶闸管导通的必要条件。

② 关断条件：流过晶闸管的电流小于维持电流。关断实现的方式：减小阳极电压或施加反向阳极电压；增大负载电阻。

知识拓展——双向晶闸管及其应用

1. 双向晶闸管简介

双向晶闸管是在普通晶闸管的基础上发展起来的，它不仅能代替两只反极性并联的晶闸管，而且仅用一个触发电路，是目前比较理想的交流开关器件。小功率双向晶闸管一般用塑料封装，有的还带小散热板，外形如图 6-2-38 所示。

双向晶闸管的结构如图 6-2-39 所示。NPNPN 五层器件。三个电极分别是 T_1、T_2、G。因该器件可以双向导通，故控制极 G 以外的两个电极统称为主端子，用 T_1、T_2 表示，不再划分成阳极和阴极。其特点是：当 G 极和 T_2 极相对于 T_1 的电压均为正时，T_2 是阳极，T_1 是阴极。反之，当 G 极和 T_2 极相对于 T_1 的电压均为负时，T_1 变为阳极，T_2 为阴极。双向晶闸管的电路符号如图 6-2-39 右图所示，文字符号用 V 等表示。

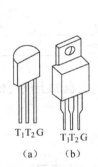

图 6-2-38　小功率双向晶闸管外形

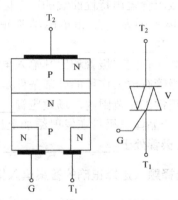

图 6-2-39　双向晶闸管的结构与符号

2. 双向晶闸管应用

如图 6-2-40 所示就是调光台灯的内部电路。现在，我们调节 R_P 会发现，灯泡的亮度发生了变化。电路中的元件有你熟悉的，也有你不认识的。其中 V_1 是双向晶闸管，V_2 是双向触发二极管。在调光电路中，V_1 及 V_2 起到了关键性的作用。

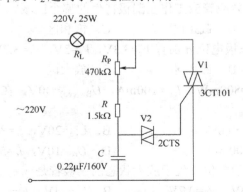

图 6-2-40　双向晶闸管交流调光电路

练习与思考 13

一、填空题

1. 晶体管工作在饱和区时发射结_____偏；集电结_____偏。

2. 三极管按结构分为_____和_____两种类型，均具有两个 PN 结，即_____和_____。

3. 三极管是_____控制器件，场效应管是_____控制器件。

4. 放大电路中，测得三极管三个电极电位为 U_1=6.5V，U_2=7.2V，U_3=15V，则该管是_____类型管子，其中_____极为集电极。

5. 场效应管输出特性曲线的三个区域是_____、_____和_____。

6. 三极管的发射结和集电结都正向偏置或反向偏置时，三极管的工作状态分别是_____和_____。

7. 场效应管同三极管相比其输入电阻_____，热稳定性_____。

8. 三极管有放大作用的外部条件是发射结_____，集电结_____。

9. 在正常工作范围内，场效应管_____极无电流。

10. 若一晶体三极管在发射结加上反向偏置电压，在集电结上也加上反向偏置电压，则这个晶体三极管处于_____状态。

二、选择题（选择正确的答案填入括号内）

1. 有万用表测得 PNP 晶体管三个电极的电位分别是 V_c=6V，V_b=0.7V，V_e=1V，则晶体管工作在（　　）状态。

    A. 放大   B. 截止   C. 饱和   D. 损坏

2. 三极管工作在放大区，要求（　　）。

    A. 发射结正偏，集电结正偏   B. 发射结正偏，集电结反偏

    C. 发射结反偏，集电结正偏   D. 发射结反偏，集电结反偏

3. 在放大电路中，场效应管应工作在漏极特性的哪个区域？（　　）

    A. 可变电阻区   B. 截止区   C. 饱和区   D. 击穿区

4. 一 NPN 型三极管三极电位分别有 V_c=3.3V，V_e=3V，V_b=3.7V，则该管工作在（　　）。

    A. 饱和区   B. 截止区   C. 放大区   D. 击穿区

5. 三极管参数为 P_{cm}=800mW，I_{cm}=100mA，$U_{BR(ceo)}$=30V，在下列几种情况中，（　　）属于正常工作。

    A. U_{ce}=15V，I_c=150 mA   B. U_{ce}=20V，I_c=80 mA

    C. U_{ce}=35V，I_c=100 mA   D. U_{ce}=10V，I_c=50mA

6. 下列三极管各个极的电位，处于放大状态的三极管是（　　）。

    A. V_c=0.3V，V_e=0V，V_b=0.7V   B. V_c=-4V，V_e=-7.4V，V_b=-6.7V

C．V_c=6V，V_e=0V，V_b=-3V　　　　　D．V_c=2V，V_e=2V，V_b=2.7V

7．场效应管工作在恒流区即放大状态时，漏极电流 I_D 主要取决于（　　）。

　　A．栅极电流　　　　B．栅源电压　　　　C．漏源电压　　　　D．栅漏电压

8．U_{GS}=0V 时，能够工作在恒流区的场效应管有（　　）。

　　A．结型管　　　　　B．增强型 MOS 管　　C．耗尽型 MOS 管

四、问答题

1．用万用表测得放大电路中某个三极管两个电极的电流值如图 6-2-41 所示。

（1）求另一个电极的电流大小，在图上标出实际方向。

（2）判断是 PNP 还是 NPN 管？

（3）在图上标出三极管的 e、b、c 极。

（4）估算三极管的 β 值？

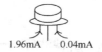

1.96mA　　　0.04mA

图 6-2-41

任务 6-3　倒车报警电路的制作

1．任务目标

（1）能使用模拟集成电路设计倒车警示电路。

（2）掌握常用模拟集成电路的测试。

（3）能运用模拟集成电路进行实际应用电路的安装与调试。

（4）知道集成运放的基本组成及主要参数的意义。

（5）掌握模拟集成电路的功能及运用。

（6）理解集成运放"虚短"与"虚断"的灵活分析应用。

2．元件清单

（1）R_1 选用 1/2W 金属膜电阻器；R_2～R_4 选用 1/4W 金属膜电阻器；

（2）C_1、C_5 和 C_6 均选用耐压值为 16V 的铝电解电容；C_2 选用高频瓷介电容器；C_3 和 C_4 选用独石电容器或涤纶电容器；

（3）VD 选用 1N4001 或 1N4007 型硅整流二极管；

（4）VD_Z 选用 1/2W、4.5V 的硅稳压二极管；

（5）IC_1 选用 HFC5209 型语音芯片；IC_2 选用 LM386 型音频功放集成电路；

（6）R_L 选用 0.5～1W，8Ω 的小口径电动式扬声器。

3. 实践操作

（1）实验电路如图 6-3-1。按照原理图焊接元器件。

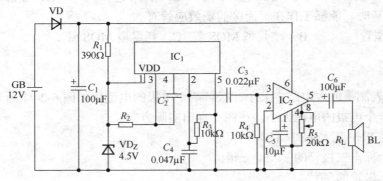

图 6-3-1　倒车警示电路图

（2）电源部分

倒车灯上的+12V 电压经 VD 隔离、C_1 滤波后，一路直接供给 IC_2；另一路经 R_1 限流及 VD_Z 稳压后，为 IC_1 提供+4.5V 的工作电压。

（3）语音产生电路

汽车倒车时 IC_1 通电工作，产生"叮咚，倒车"的语音警示。改变 R_2 的阻值或改变 C_2 的容量，可以改变语音警示音音调的变化：R_2 为 330 kΩ、C_2 为 20pF 时，音调为小孩说话的音调；R_2 为 330 kΩ、C_2 为 40pF 时，音调为女人说话的音调；R_2 为 510 kΩ、C_2 为 50pF 时，音调为男人说话的音调。

（4）功率放大电路

用 LM386 组成功率放大应用电路。如图 6-3-1 所示，4 脚接地，6 脚接电源（6～9V）。2 脚接地，信号从同相输入端 3 脚输入，5 脚通过 100μF 电容向扬声器 BL 提供信号。1、8 脚之间接 10μF 电容和 20kΩ 电位器，来调节增益。

 知识链接

6.3　集成运算放大器

6.3.1　集成运算放大器简介

1. 集成电路概述

集成电路简称 IC（Integrated Circuit），是指在一块半导体基片上将许多电子元器件集中制作在一起而形成的电子器件。近 30 年来，集成电路的发展速度异常迅猛，从小规模集成电路（含有几十个晶体管）发展到今天的超大规模集成电路（含有几千万个晶体管或近万个门电路）。集成电路的体积小、功耗低、稳定性好，从某种意义上讲，集成电路的使用是衡量一个电子产品是否先进的主要标志。

集成电路最初多用于各种模拟信号的运算上，故被称为集成运算放大电路。归纳起来其有如下特点：

（1）元器件参数的一致性和对称性好（第一级差放）；

（2）多采用直接耦合；

（3）电阻的阻值受到限制，大电阻常用三极管恒流源代替；

（4）电容的容量受到限制，电感不能集成，故大电容、电感和变压器均需外接。

2．集成电路分类

集成电路按其功能分数字集成电路和模拟集成电路。

模拟集成电路类型常见的有：集成运算放大器；集成功率放大器；集成高频放大器；集成中频放大器；以及集成比较器；集成乘法器；集成稳压器；集成数/模或模/数转换器等。

集成电路的封装形式如图 6-3-2 所示。实物图如图 6-3-3 所示。

(a) 双列直插式　　　(b) 圆壳式　　　(c) 扁平式

图 6-3-2　常见的集成运放封装形式

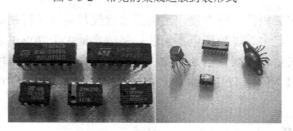

图 6-3-3　集成运放实物图

集成运算放大器是一种具有很高放大倍数的多级直接耦合放大电路。是发展最早、应用最广泛的一种模拟集成电路。集成运放的分类如下：

1）按工作原理分类

（1）电压放大型 F007、F324

（2）电流放大型 LM3900、F1900

（3）跨导型 LM3080、F3080

（4）互阻型 AD8009、AD8011

2）按性能指标分类

（1）高精度型

性能特点：漂移和噪声很低，开环增益和共模抑制比很高，误差小。（F5037）

（2）低功耗型

性能特点：静态功耗一般比通用型低 1～2 个数量级（不超过毫瓦级），要求电压很低，有较高的开环差模增益和共模抑制比。（TLC2552）

（3）高阻型

性能特点：通常利用场效应管组成差分输入级，输入电阻高达 1012W。高阻型运放可用在测量放大器、采样-保持电路、带通滤波器、模拟调节器以及某些信号源内阻很高的电路中。（F3130）

（4）高速型

性能特点：大信号工作状态下具有优良的频率特性，转换速率可达每微秒几十至几百伏，甚至高达 1000V/ms，单位增益带宽可达 10MHz，甚至几百兆欧。常用在 A/D 和 D/A 转换器、有源滤波器、高速采样-保持电路、模拟乘法器和精度比较器等电路中。（F3554）

（5）高压型

性能特点：输出电压动态范围大，电源电压高，功耗大。

（6）大功率型

性能特点：可提供较高的输出电压和较大的输出电流，负载上可得到较大的输出功率。

3．集成运放的电路结构特点

（1）由于集成电路中的各个元件是通过同一工艺过程制作在同一硅片上，同一片内的元件参数绝对值有同向的偏差，温度均一性好，对称性好，适用于构成差分放大电路。

（2）集成电路中电阻，其阻值范围一般在几十欧到几十千欧之间，如需高阻值电阻时，要在电路上另想办法。

（3）在芯片上制作三极管比较方便，常用三极管代替电阻（特别是大电阻）。

（4）在集成电路工艺中难以制造电感元件；制造容量大于 200pF 的电容也比较困难，因而放大器各级之间都采用直接耦合，必须使用电容的场合，也大多采用外接的方法。

（5）集成电路中的 NPN、PNP 管的 β 值差别较大，通常 PNP 的 $\beta \leqslant 10$。常采用复合管的形式。

4．集成运放的特性

1）集成运放的电压传输特性

集成运算放大器是一个多端器件，它有两个输入端，一个同相输入端 u_{+} 和一个反相输入端 u_{-}，这里的同相和反相是指运放的输入电压与输出电压之间的相位关系，其符号如图 6-3-4（a）所示，从外部看，可以认为集成运放是一个双端输入单端输出、具有高差模放大倍数、高输入电阻、低输出电阻、能较好地抑制温漂的差动放大电路。

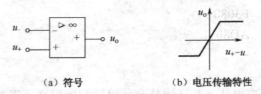

（a）符号　　　　（b）电压传输特性

图 6-3-4　集成运放的符号和电压传输特性

集成运放的输出电压 u_o 与输入电压（即同相输入端与反相输入端之间的差值电压）之间的关系曲线称为电压传输特性，即：

$$u_o = f(u_+ - u_-)$$

对于正、负两路电源供电的集成运放，电压传输特性如图 6-3-4（b）所示，从图示曲线可以看出，集成运放有线性放大区域（称为线性区）和饱和区域（称为非线性区）两部分。

在线性区，曲线的斜率为电压放大倍数，由于集成运放放大的对象是差模信号，而且没有通过外电路引入反馈，故称其电压放大倍数为差模开环放大倍数，记作 A_{od}，因而当集成运放工作在线性区时：

$$u_o = A_{od}(u_+ - u_-)$$

通常 A_{od} 非常高，可达几十万倍，因此集成运放电压传输特性中的线性区非常窄。当输入电压很小时，运放的工作状态就已经进入了饱和区，输出值开始保持不变。

在非线性区，输出电压只有两种可能的情况，$+U_{o(sat)}$ 或 $-U_{o(sat)}$，$U_{O(sat)}$ 为输出电压的饱和电压。

2）集成运算放大器的理想特性

利用集成运放作为放大电路，引入各种不同的反馈，就可以构成具有不同功能的实用电路，在分析各种实用电路时，通常都将集成运放的性能指标理想化，即将其看成为理想运放，理想化的主要条件为：

（1）开环差模增益（放大倍数）$A_{od} = \infty$

（2）差模输入电阻 $R_{id} = \infty$

（3）输出电阻 $R_o = 0$

（4）共模抑制比 $K_{CMR} = \infty$

（5）上限截止频率 $f_H = \infty$

满足以上理想化条件的放大器，我们称为理想运算放大器，实际上，集成运放的技术指标均为有限值，理想化后必然带来分析误差，但是在一般的工程计算中，这些误差都是允许的，而且，随着新型运放的不断出现，性能指标越来越接近理想，误差也就越来越小。因此，只有在进行误差分析时，才考虑实际运放有限的增益、带宽、共模抑制比、输入电阻和失调因素等所带来的影响。如图 6-3-5 所示为理想运算放大器的电压传输特性。

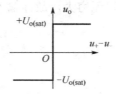

图 6-3-5　理想运算放大器的电压传输特性

5. 理想运放的工作特点

1）理想运放工作在线性区的特点

设集成运放同相输入端和反相输入端的电位分别为 u_+ 和 u_-，电流分别为 i_+ 和 i_-，当集成运放工作在线性区时，输出电压应与输入差模电压成线性关系，即应满足

$$u_o = A_{od}(u_+ - u_-)$$

由于 u_o 为有限值，对于理想运放 $A_{od} = \infty$，因而净输入电压 $u_+ - u_- = 0$，即

$$u_+ = u_-$$

称两个输入端"虚短路"，即集成运放的两个输入端电位无穷接近，但又不是真正短路的特点。

因为净输入电压为零，又因为理想运放的输入电阻为无穷大，所以两个输入端的输入电流也均为零，即

$$i_+ = i_- = 0$$

换言之，从集成运放输入端看进去相当于断路，成两个输入端"虚断路"，即集成运放的两个输入端的电流趋于零，但又不是真正断路的特点。如图 6-3-6 所示。

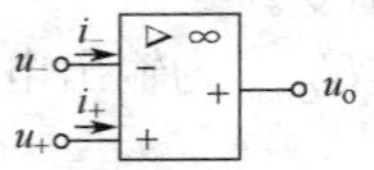

图 6-3-6　虚断和虚短电压、电流

"虚短"和"虚断"是两个非常重要的概念，对于运放工作在线性区的应用电路，"虚短"和"虚断"是分析其输入信号和输出信号关系的两个基本出发点。

对于理想运放，由于 $A_{od} = \infty$，因而若两个输入端之间加无穷小电压，则输出电压就将超出其线性范围，不是正向最大电压，就是负向最大电压，因此，只有电路引入负反馈，才能保证集成运放工作在线性区，集成运放工作在线性区的特征是电路引入了负反馈。

2）理想运放工作在非线性区的特点

在电路中，若集成运放不是处于开环状态（即没有引入反馈），就是只引入了正反馈，则表明集成运放工作在非线性区。

对于理想运放，由于差模增益无穷大，只要同相输入端与反相输入端之间有无穷小的差值电压，输出电压就将达到正的最大值或负的最大值，即输出电压 u_o 与输入电压 $u_+ - u_-$ 不再是线性关系，称集成运放工作在非线性区。

理想运放工作在非线性区的两个特点是：

（1）输出电压只有两种可能，$+U_{o(sat)}$ 或 $-U_{o(sat)}$

当 $u_+ > u_-$ 时，$u_o = +U_{o(sat)}$，

当 $u_+ < u_-$ 时，$u_o = -U_{o(sat)}$。

（2）由于理想运放的差模输入电阻无穷大，故净输入电流为零，即 $i_+ = i_- = 0$，可见集成运放仍存在"虚断"的现象。

6.3.2　放大电路中的反馈

1. 反馈的基本概念

1）反馈的定义

将放大电路输出量（电压或电流）的一部分或全部，通过某些元件或网络（称为反馈网络），反向送回到输入端，来影响原输入量（电压或电流）的过程称为反馈。有反馈的放大电

路称为反馈放大电路。

反馈放大电路的框图如图 6-3-7 所示。图中 A 代表没有反馈的放大电路，F 代表反馈网络，符号"$\otimes$"代表信号的比较环节，x_i、x_f、x_{id} 和 x_o 分别表示电路的输入量、反馈量、净输入量和输出量，它们可以是电压，也可以是电流。

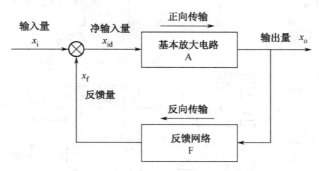

图 6-3-7　反馈放大电路组成框图

2）反馈极性（正、负反馈）

正反馈：在反馈放大电路中，反馈量使放大器净输入量得到增强的反馈称为正反馈；

负反馈：在反馈放大电路中，反馈量使放大器净输入量减弱的反馈称为负反馈。

通常采用"瞬时极性法"来判断电路是正反馈还是负反馈，具体方法如下：

（1）假设输入信号某一瞬时的极性。

（2）根据输入与输出信号的相位关系，确定输出信号和反馈信号的瞬时极性。

（3）再根据反馈信号与输入信号的连接情况，判断净输入量的变化，如果反馈信号使净输入量增强，即为正反馈，反之为负反馈。

【例 6-3-1】判断如图 6-3-8 所示电路的反馈极性。

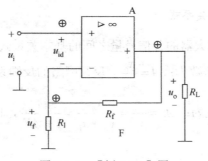

图 6-3-8　【例 6-3-1】图

解： 假定输入信号瞬时极性为正，即同相输入端电压瞬时极性为正，反馈电压 u_f 瞬时极性为正，由电路可得：$u_{id}=u_i-u_f$，u_f 为正，净输入量 u_{id} 减小，因此电路是负反馈。

【例 6-3-2】用瞬时极性法判断如图 6-3-9 所示电路的反馈极性。

解： 图（a）假定输入信号瞬时极性为正，由图可知即同相输入端电压瞬时极性为正，反馈电压 u_f 瞬时极性为正，由 $u_{id}=u_i-u_f$，电路中的反馈为负反馈；同理图（b），由 $u_{id}=u_i-u_f$ 可知，电路中的反馈为正反馈；图（c）电路中的反馈为正反馈。

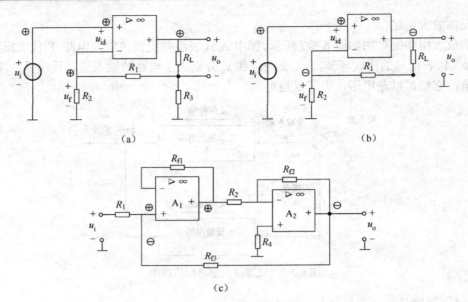

图 6-3-9 【例 6-3-2】图

3）交流反馈与直流反馈

交流反馈：在放大电路中存在有直流分量和交流分量，若反馈信号是交流量，则称为交流反馈，它影响电路的交流性能。

直流反馈：若反馈信号是直流量，则称为直流反馈，它影响电路的直流性能，如静态工作点。

交、直流反馈：若反馈信号中既有交流量又有直流量，则反馈对电路的交流性能和直流性能都有影响。

2．负反馈放大器的基本关系式

由图 6-3-7 可知负反馈放大器的各信号量之间的基本关系式：

基本放大电路开环放大倍数为：$A = \dfrac{x_o}{x_{id}}$，反馈网络的反馈系数为：$F = \dfrac{x_f}{x_o}$，净输入量为：

$x_{id} = x_i - x_f$，则闭环放大倍数为：$A_f = \dfrac{x_o}{x_f} = \dfrac{x_o}{x_{id} + x_f} = \dfrac{A}{1 + AF}$，由此可知，闭环放大倍数小于

开环放大倍数。

3．负反馈对放大器性能的影响

1）提高增益的稳定性

放大倍数的稳定性可用放大倍数的相对变化量来衡量。放大电路无负反馈时，放大倍数为 A，放大电路有负反馈时，放大倍数为：$A_f = \dfrac{A}{1 + AF}$，增益稳定性为：$\dfrac{\mathrm{d}A_f}{\mathrm{d}A} = \dfrac{1}{(1 + AF)^2}$，

即 $\mathrm{d}A_f = \dfrac{1}{(1 + AF)^2}\mathrm{d}A$，由此可知，引入负反馈后，由于某种原因造成放大器放大倍数变化时，

负反馈放大器的放大倍数变化量只有基本放大器放大倍数变化量的 $\dfrac{1}{(1+AF)^2}$，放大器放大倍数的稳定性大大提高。

2）减小非线性失真

放大电路中由于放大元件是非线性器件，它会产生非线性失真。引入负反馈后，可使非线性失真得到改善。

设输入 x_i 为正弦波，无反馈时，因电路的集成运放的放大倍数大，将会使输出波形产生失真，如图 6-3-10 左图所示，引入负反馈后，反馈信号 x_f 与输出信号 x_o 的失真相似，则与输入信号相减后得到的净输入量 x_{id} 的波形变为另外半周失真，这样再通过放大器后就会使输出波形的失真减小。

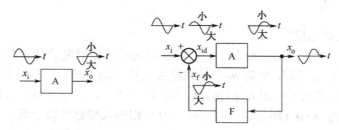

图 6-3-10　负反馈减小非线性失真

3）扩展通频带

在放大电路中由于电容的存在，将引起低频段和高频段放大倍数的下降。由于负反馈具有稳定放大倍数的作用，因此在低频区和高频区的放大倍数下降的速度减慢，相当于通频带展宽了，如图 6-3-11 所示。

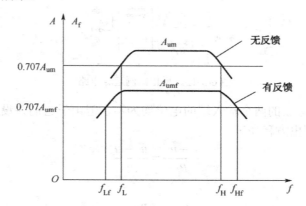

图 6-3-11　负反馈扩展通频带

4）稳定输出电压和电流

电压负反馈具有稳定输出电压的作用，$u_o \uparrow \rightarrow x_f \uparrow \rightarrow x_{id} \downarrow \rightarrow u_o \downarrow$；电流负反馈具有稳定输出电流的作用，$i_o \uparrow \rightarrow x_f \uparrow \rightarrow x_{id} \downarrow \rightarrow i_o \downarrow$。

5）影响输入电阻和输出电阻

引入负反馈后，放大电路的输入电阻和输出电阻都将受到影响，反馈类型不同，影响不同。

6.3.3 集成运放线性应用

集成运算放大器与外部电阻、电容、半导体器件等构成闭环电路后，能对各种模拟信号进行比例、加法、减法、微分、积分、对数、反对数、乘法和除法等运算。

运算放大器工作在线性区时，通常要引入深度负反馈。所以，它的输出电压和输入电压的关系基本决定于反馈电路和输入电路的结构和参数，而与运算放大器本身的参数关系不大。改变输入电路和反馈电路的结构形式，就可以实现不同的运算。

1. 比例运算电路

1）反相比例运算电路

反相比例运算电路如图 6-3-12 所示，输入电压 u_i 通过电阻 R 作用于集成运放的反相输入端，故输出电压 u_o 与 u_i 反相，电阻 u_F 跨接在集成运放的输出端和反相输入端，引入了电压并联负反馈。同相输入端通过电阻 R_2 接地，R_2 为补偿电阻，以保证集成运放输入级差分放大电路的对称性，其值为 $u_i=0$（即将输入端接地）时反相输入端总等效电阻，即各支路电阻的并联，所以 $R_2=R_1 // R_f$。

由于理想运放的净输入电压和净输入电流均为零，故 R_2 中电流为零，所以

$$u_+ = u_- = 0$$
$$i_+ = i_- = 0$$

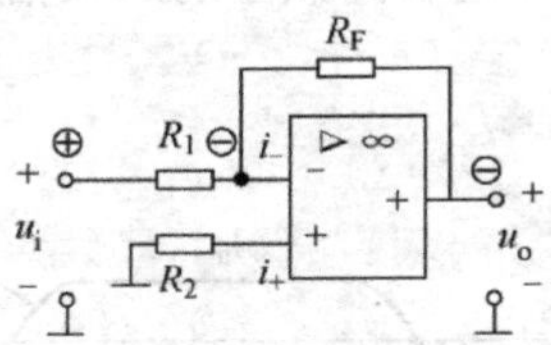

图 6-3-12 反相比例运算电路

由此可知，集成运放的两个输入端的电位均为零，但由于它们并没有接地，故称为"虚地"。根据图中节点列出方程如下：

$$\frac{u_i - u_-}{R_1} = \frac{u_- - u_o}{R_F}$$

整理得：

$$u_o = -\frac{R_F}{R_1} u_i$$

电压放大倍数：

$$A_{uf} = \frac{u_o}{u_i} = -\frac{R_F}{R_1}$$

由此可见，可以通过改变电阻 R_1、R_F 的大小，从而改变电路的比例系数。

2）同相比例运算电路

将如图 6-3-12 所示电路中的输入端和接地端互换，就得到同相比例运算电路，如图 6-3-13 所示。电路引入了电压串联负反馈，故可以认为输入电阻为无穷大，输出电阻为零。即使考虑集成运放参数的影响，输入电阻也可达 $10^9\Omega$。

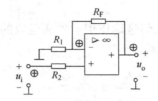

图 6-3-13　同相比例运算电路

根据虚短的概念，有

$$u_+ = u_- = u_\text{i}$$

又根据虚短的概念，运放的净输入电流为零，即

$$\frac{u_- - 0}{R_1} = \frac{u_\text{o} - u_-}{R_\text{F}}$$

整理后得

$$u_\text{o} = (1 + \frac{R_\text{F}}{R_1})u_\text{i}$$

电压放大倍数

$$A_\text{uf} = \frac{u_\text{o}}{u_\text{i}} = 1 + \frac{R_\text{F}}{R_1}$$

上式表明 u_o 与 u_i 同相，且 u_o 大于 u_i。A_uf 只与外部电阻 R_1、R_F 有关，与运放本身参数无关。

虽然在同相比例运算电路具有高输入电阻、低输出电阻的优点，但因为集成运放有共模输入，所以为了提高运算精度，应当选用高共模抑制比的集成运放。

3）电压跟随器

在同相比例运算电路中，若将输出电压的全部反馈到反相输入端，就构成如图 6-3-14 所示的电压跟随器。

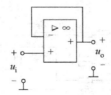

图 6-3-14　同相比例运算电路

电路引入了电压串联负反馈，其反馈系数为 1，由于 $u_\text{o} = u_+ = u_-$，故输出电压与输入电压的关系为

$$u_\text{o} = u_\text{i}$$

理想运放的开环差模增益为无穷大，因而电压跟随器具有比射极输出器好得多的跟随特性。

4）加法运算电路

实现多个输入信号按各自不同的比例求和或求差的电路统称为加减运算电路。若所有输入信号均作用于集成运放的同一个输入端，则实现加法运算；若一部分输入信号所用于集成运放的同相输入端，而另一部分输入信号作用于反相输入端，则实现加减运算。

（1）反相加法运算电路

反相加法运算电路的多个输入信号均作用于集成运放的反相输入端，如图 6-3-15 所示，其中 R_2 为平衡电阻：$R_2 = R_{i1} // R_{i2} // R_F$。

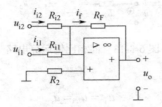

图 6-3-15　反相加法运算电路

根据"虚断"的原则

$$i_+ = i_- = 0$$

所以，

$$i_1 + i_2 = i_f$$

即

$$\frac{u_{i1} - u_-}{R_{i1}} + \frac{u_{i2} - u_-}{R_{i2}} = \frac{u_- - u_o}{R_F}$$

又根据"虚短" $u_+ = u_- = 0$

则

$$\frac{u_{i1}}{R_{i1}} + \frac{u_{i2}}{R_{i2}} = -\frac{u_o}{R_F}$$

整理后得 u_o 的表达式为

$$u_o = -\left(\frac{R_F}{R_{i1}} u_{i1} + \frac{R_F}{R_{i2}} u_{i2}\right)$$

对于多输入的电路除了用上述节点电流法求解运算关系外，还可以利用叠加原理，首先分别求出各输入电压单独作用时的输出电压，然后将它们相加，便得到所有信号共同作用时输出电压与输入电压的运算关系。

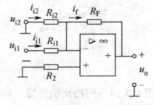

图 6-3-16　利用叠加原理求解运算关系

设 u_{i1} 单独作用，此时应将 u_{i2} 接地，如图 6-3-16 所示，由于电阻 R_{i1} 的一端是"地"，另一端是"虚地"，故它们的电流为零，因此，电路实现的是反相比例运算。

$$u_{o1} = -\frac{R_F}{R_{i1}} u_{i1}$$

利用同样的方法，可以求出 u_{o2}

$$u_{o2} = -\frac{R_F}{R_{i2}}u_{i2}$$

当 u_{i1} 和 u_{i2} 同时作用时，则有

$$u_o = u_{o1} + u_{o2} = -\frac{R_F}{R_{i1}}u_{i1} - \frac{R_F}{R_{i2}}u_{i2} = -(\frac{R_F}{R_{i1}}u_{i1} + \frac{R_F}{R_{i2}}u_{i2})$$

总结反相加法运算电路的特点如下：输入电阻低；共模电压低；当改变某一路输入电阻时，对其他路无影响。

（2）同相加法运算电路

当多个输入端同时作用于集成运放的同相输入端时，就构成同相加法运算电路，如图 6-3-17 所示。其中平衡电阻：$R_{i1}//R_{i2} = R_1//R_F$。

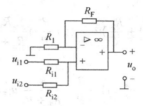

图 6-3-17 同相加法运算电路

分析电路时可以根据叠加原理

当 u_{i1} 单独作用（$u_{i2} = 0$）时，

$$u_+ = \frac{R_{i2}}{R_{i1} + R_{i2}}u_{i1}$$

根据同相比例运算电路的运算公式得

$$u_{o1} = (1 + \frac{R_F}{R_1})u_+ = (1 + \frac{R_F}{R_1})\frac{R_{i2}}{R_{i1} + R_{i2}}u_{i1}$$

同理，u_{i2} 单独作用时（$u_{i1} = 0$）

$$u_{o2} = (1 + \frac{R_F}{R_1})\frac{R_{i1}}{R_{i1} + R_{i2}}u_{i2}$$

故得：

$$u_o = (1 + \frac{R_F}{R_1})(\frac{R_{i2}}{R_{i1} + R_{i2}}u_{i1} + \frac{R_{i1}}{R_{i1} + R_{i2}}u_{i2})$$

总结同相加法运算电路的特点如下：输入电阻高；共模电压高；当改变某一路输入电阻时，对其他路有影响。

5）减法运算电路

当多个信号同时作用于两个输入端时，可以实现加减运算电路，如图 6-3-18 所示。其中 $R_2//R_3 = R_1//R_F$。

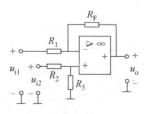

图 6-3-18 减法运算电路

分析方法 1：

由虚断可得：

$$u_+ = \frac{R_3}{R_2 + R_3}u_{i2}$$

$$u_- = u_{i1} + u_{R1} = u_{i1} + \frac{u_o - u_{i1}}{R_1 + R_F}R_1$$

由虚短可得：$u_- = u_+$

整理后得

$$u_o = (1 + \frac{R_F}{R_1})\frac{R_3}{R_2 + R_3}u_{i2} - \frac{R_F}{R_1}u_{i1}$$

分析方法 2：

利用叠加原理，减法运算电路可看作是反相比例运算电路与同相比例运算电路的叠加。当 u_{i1} 单独作用（$u_{i2} = 0$）时，

$$u_o' = -\frac{R_F}{R_1}u_{i1}$$

同理，u_{i2} 单独作用时（$u_{i1} = 0$）

$$u_o'' = (1 + \frac{R_F}{R_1})u_+ = (1 + \frac{R_F}{R_1})\frac{R_3}{R_2 + R_3}u_{i2}$$

则两端同时作用时

$$u_o = u_o' + u_o'' = (1 + \frac{R_F}{R_1})\frac{R_3}{R_2 + R_3}u_{i2} - \frac{R_F}{R_1}u_{i1}$$

6）积分运算电路

以集成运放作为放大电路，利用电阻和电容作为反馈网络，可以实现积分运算电路，如图 6-3-19 所示为积分运算电路。

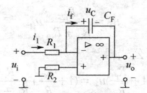

图 6-3-19　积分运算电路

根据如图所示电路，由于集成运放的同相输入端通过电阻 R_2 接地，根据"虚短"，则 $u_+ = u_- = 0$，又根据"虚断"性质可得 $i_1 = i_f$

列出电流方程如下

$$i_1 = \frac{u_i}{R_1}$$

$$i_F = C_F\frac{\mathrm{d}u_C}{\mathrm{d}t}$$

上面两式相等

$$\frac{u_i}{R_1} = C_F\frac{\mathrm{d}u_C}{\mathrm{d}t} = C_F\frac{\mathrm{d}(0 - u_o)}{\mathrm{d}t} = -C_F\frac{\mathrm{d}u_o}{\mathrm{d}t}$$

整理后的

$$u_o = -\frac{1}{R_1 C_F}\int u_i \mathrm{d}t$$

当电容 C_F 的初始电压为 $u_C(t_o)$ 时，则有

$$u_o = -\left[\frac{1}{R_1 C_F}\int_{t_0}^{t} u_i dt + u_C(t_0)\right] = -\frac{1}{R_1 C_F}\int_{t_0}^{t} u_i dt + u_o(t_0)$$

7）微分运算电路

如图 6-3-20 所示为基本微分运算电路。

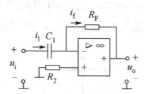

图 6-3-20　微分运算电路

由虚短及虚断性质可得 $i_1 = i_f$

因而 $C_1\dfrac{d(u_i - 0)}{dt} = \dfrac{(0 - u_o)}{R_F}$

输出电压为

$$u_o = -R_F C_1 \frac{du_i}{dt}$$

输出电压与输入电压的变化率成比例。

6.3.4　集成运放非线性应用

1．电压比较器概述

电压比较电路是对输入信号进行鉴幅与比较的电路，是组成正弦波发生电路的基本单元电路，在数模转换、数字仪表、自动控制和自动检测等技术领域，以及波形产生及变换等电路中有着相当广泛的应用。本节主要讲述各种电压比较器的特点及电压传输特性，同时阐明电压比较器的组成特点和分析方法。

1）电压比较器的电压传输特性

电压比较器的输出电压 u_o 与输入电压 u_i 的函数关系 $u_o = f(u_i)$ 一般用曲线来描述，称为电压传输特性，输入电压 u_i 是模拟信号，而输出电压 u_o 只有两种可能的状态，不是高电平 U_{OH} 就是低电平 U_{OL}，用以表示比较的结果。使 u_o 从 U_{OH} 跃变为 U_{OL}，或者从 U_{OL} 跃变为 U_{OH} 的输入电压称为阈值电压，或转折电压、门限电压，记作 U_T。

为了正确画出电压传输特性，必须给出以下三个要素：

（1）输出电压高电平和低电平的数值 U_{OH} 和 U_{OL}。

（2）阈值电压的数值 U_T。

（3）当 u_i 变化且经过 U_T 时，u_o 跳变的方向，即是从 U_{OH} 跳变为 U_{OL}，还是从 U_{OL} 跳变为 U_{OH}。

2）集成运放的非线性工作区

在电压比较电路中，绝大多数集成运放不是处于开环状态（即没有引入反馈）就是只引入了正反馈。对于理想运放，由于差模增益无穷大，只要同相输入端与反相输入端之间有无穷小的差值电压，输出电压就将达到正的最大值或负的最大值，即输出电压 u_o 与输入电压 $u_+ - u_-$ 不再满足线性关系，称集成运放工作在非线性区，其电压传输特性曲线如图 6-3-21 所示，若集成运放的输出电压 u_o 的幅值为 $\pm U_{o(sat)}$，则当 $u_+ > u_-$ 时，$u_o = +U_{o(sat)}$；当 $u_+ < u_-$ 时，$u_o = -U_{o(sat)}$，由于理想运放的差模输入电阻无穷大，故净输入电流为零，即 $i_+ = i_- = 0$。

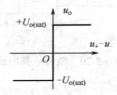

图 6-3-21　集成运放的电压传输特性

由此可知，分析比较电路时要注意以下两点：

（1）比较电路中的运放，"虚短"的概念不再成立，而"虚断"的概念依然成立。

（2）应着重抓住输出发生跳变时的输入电压值来分析其输入输出关系，画出电压传输特性。

3）电压比较器的种类

（1）单限比较器

电路只有一个阈值电压，输入电压 u_i 逐渐增大或减小过程中，当通过 U_T 时，输出电压 u_o 产生跳变，从高电平 U_{OH} 跳变为低电平 U_{OL}，或者从 U_{OL} 跳变为 U_{OH}。如图 6-3-22（a）所示为某单限比较器的电压传输特性。

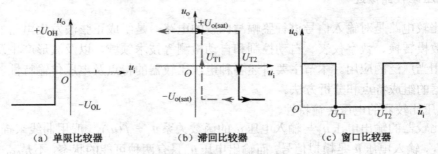

（a）单限比较器　　　（b）滞回比较器　　　（c）窗口比较器

图 6-3-22　电压比较器电压传输特性举例

（2）滞回比较器

电路有两个阈值电压，输入电压 u_i 从小变大过程中使输出电压 u_o 产生跳变的阈值电压 U_{T1}，不等于从大变小过程中使输出电压 u_o 产生跳变的阈值电压 U_{T2}，电路具有滞回特性，它与单限比较器的相同之处在于：当输入电压向单一方向变化时，输出电压只跳变一次，如图 6-3-22（b）所示为某滞回比较器的电压传输特性。

（3）窗口比较器

电路有两个阈值电压，输入电压 u_i 从小变大或从大变小过程中使输出电压 u_o 产生两次跳变。例如，某窗口比较器的两个阈值电压 U_{T1} 小于 U_{T2}，且均大于零，输入电压 u_i 从零开始增大，当经过 U_{T1} 时，u_o 从高电平 U_{OH} 跳变为 U_{OL}，u_i 继续增大，当经过 U_{T2} 时，u_o 又从 U_{OL} 跳变为 U_{OH}，电压传输特性如图 6-3-22（c）所示，中间如开了个窗口。窗口比较器与前两种比较器的区别在于：输入电压向单一方向变化过程中，输出电压跳变两次。

2. 单限比较器

如图 6-3-23（a）所示为单限比较器，由图可见运放处于开环状态，其阈值电压 $U_T = U_R$，输出电压为 $+U_{o(sat)}$ 或 $-U_{o(sat)}$。当输入电压 $u_i < U_R$ 时，$u_o = +U_{o(sat)}$，当 $u_i > U_R$ 时，$u_o = -U_{o(sat)}$，其电压传输特性如图 6-3-23（b）所示。

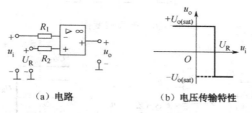

（a）电路　　　　　　（b）电压传输特性

图 6-3-23　单限比较器及电压传输特性

若将输入信号接在同相端，则得到反相的电压比较器，其电压传输特性如图 6-3-24 所示。

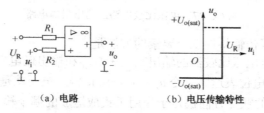

（a）电路　　　　　　（b）电压传输特性

图 6-3-24　反相的单限比较器及电压传输特性

若在电路中，能令 $U_R = 0$，则得到的电路称为过零比较器，其电压传输特性如图 6-3-25 所示。

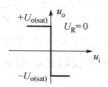

图 6-3-25　电压传输特性

利用基本电压比较器可以将锯齿波信号变换为矩形波信号，如图 6-3-26 所示。

在实际电路中为了满足负载的需求，常在集成运放的输出端加稳压管限幅电路，从而获得合适的 U_{OL} 和 U_{OH}，如图 6-3-27（a）所示，图中 R 为限流电阻，两只稳压管的稳定电压均应小于集成运放的最大输出电压 $U_{o(sat)}$，设稳压管的稳定电压为 U_Z，忽略稳压管的正向导通压降则当输入电压 $u_i < U_R$ 时，$u_o = U_Z$，当 $u_i > U_R$，输出 $u_o = -U_Z$。其电压传输特性如图 6-3-27（b）所示。

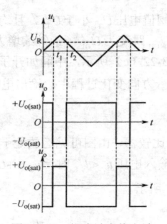

图 6-3-26　锯齿波变换方波

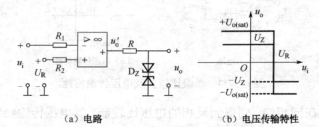

（a）电路　　　　　　　　　　（b）电压传输特性

图 6-3-27　电压比较电路的输出限幅电路

综上所述，分析电压传输特性三个要素的方法是：

（1）由限幅电路确定电压比较器的输出高电平 U_{OH} 和输出低电平 U_{OL}。

（2）写出 u_+ 和 u_- 的电位表达式，令 $u_+ = u_-$，解得输入电压就是阈值电压 U_T。

（3）u_o 在 u_I 过 U_T 时的跃变方向决定于作用于集成运放的哪个输入端。当 u_I 从反向输入端输入时，$u_I < U_T$，$u_o = U_{OH}$；$u_I > U_T$，$u_o = U_{OL}$。反之，结论相反。

3．滞回比较器

在基本电压比较电路中，输入电压在阈值电压附近的任何微小变化，都将引起输出电压的跳变，不管这种微小变化是由于输入信号还是来自外部干扰，因此，虽然基本电压比较电路很灵敏，但抗干扰能力差。滞回电压比较电路具有滞回特性（即具有惯性），因而具有一定的抗干扰能力。反相输入端的滞回电压比较电路如图 6-3-28（a）所示，滞回电压比较电路中引入了正反馈。

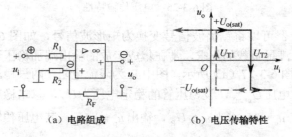

（a）电路组成　　　　　　　　（b）电压传输特性

图 6-3-28　滞回电压比较电路及其电压传输特性

根据集成运放的特点有 $u_- = u_i$，又因为

$$u_+ = \frac{R_2}{R_2 + R_F} u_o$$

当 $u_o = +U_{o(sat)}$ 时，则

$$u_i = \frac{R_2}{R_2 + R_F}(+U_{o(sat)})$$

这个电压称为上门限电压，记作 U_{T1}，即 u_i 逐渐增加时的门限电压。

当 $u_o = -U_{o(sat)}$ 时，则

$$u_i = \frac{R_2}{R_2 + R_F}(-U_{o(sat)})$$

这个电压称为下门限电压，记作 U_{T2}，即 u_i 逐渐减小时的门限电压。

当参考电压 U_R 不等于零时，电路如图 6-3-29 所示。

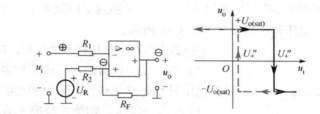

图 6-3-29　有参考电压的滞回电压比较电路及其电压传输特性

根据叠加原理，有：

$$U_R = \frac{R_F}{R_2 + R_F} U_R + \frac{R_2}{R_2 + R_F}(\pm U_{o(sat)})$$

可见 $|U_{T1}| \neq |U_{T2}|$ 传输特性不再对称于纵轴，改变参考电压 U_R，可使传输特性沿横轴移动。

定义：$\Delta U = U_{T1} - U_{T2} = \frac{2R_2}{R_2 + R_F} U_{o(sat)}$ 为回差电压。

结论：

（1）调节 R_F 或 R_2 可以改变回差电压的大小。

（2）改变 U_R 可以改变上、下门限电压，但不影响回差电压 ΔU。

与过零比较器相比具有以下优点：

（1）改善了输出波形在跃变时的陡度。

（2）回差提高了电路的抗干扰能力，ΔU 越大，抗干扰能力越强。

4. 窗口比较器

单限比较器和滞回比较器在输入电压单向变化时，输出电压仅发生一次跳变，无法比较在某一特定范围内的电压，窗口比较器具有这项功能，其基本电路是两个输入端并联的单限比较器，如图 6-3-30 所示。

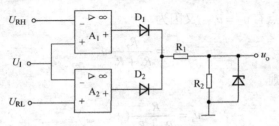

图 6-3-30　窗口比较器

当输入电压 $u_I > U_{RH}$ 时，必然大于 U_{RL}，所以集成运放 A_1 的输出为 $+U_{O(sat)}$，A_2 的输出为 $-U_{O(sat)}$，使得二极管 D_1 导通，D_2 截止，稳压管 D_Z 工作在稳压状态，输出 $u_o = +U_Z$。

当输入电压 $u_I < U_{RL}$ 时，必然小于 U_{RH}，所以集成运放 A_1 的输出为 $-U_{O(sat)}$，A_2 的输出为 $+U_{O(sat)}$，因此二极管 D_2 导通，D_1 截止，稳压管 D_Z 工作在稳压状态，输出 $u_o = +U_Z$。

当 $U_{RL} < u_I < U_{RH}$ 时，A_1 和 A_2 输出均为 $-U_{O(sat)}$，所以 D_1 和 D_2 均截止，稳压管截止，$u_o = 0$。

U_{RH} 和 U_{RL} 分别为比较器的两个阈值电压，U_{RL} 又称为下门限电平，记为 U_{TL}，U_{RH} 称为上门限电平记为 U_{TH}。电压传输特性如图 6-3-31 所示。

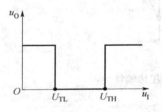

图 6-3-31　双限比较器电压传输特性

通过以上三种电压比较器的分析，可以得出如下结论：

（1）在电压比较器中，集成运放多工作在非线性区，输出电压只有高电平和低电平两种可能的情况。

（2）一般用电压传输特性来描述输出电压与输入电压的函数关系。

（3）电压传输特性的三个要素是输出电压的高、低电平，阈值电压和输出电压的跳变方向。输出电压的高、低取决于限幅电路；令 $u_+ = u_-$ 所求出的 u_I 就是阈值电压；u_I 等于阈值电压时输出电压的跳变方向决定于输入电压作用于同相输入端还是反相输入端。

知识拓展——集成运放的型号

1. 国产集成运放型号

集成运放器件是集成电路（IC）的一种，集成电路的命名有国家标准。这一标准我国是1979 年以后陆续制定的。在使用、检修、识别和进行电路分析时，都需要了解集成电路的型号。一般来说，集成电路的型号都印在器件的外壳上。根据最新的国家标准，国产的集成电路由五部分组成。

（1）第一部分含义：集成电路型号中的第一部分用一个字母 C 表示符合国家标准的集成电路。

（2）第二部分含义：集成电路型号中的第二部分用字母表示电路的类型，可以是一个字母，也可以是两个字母。

（3）第三部分含义：集成电路型号中的第三部分的数字或字母表示产品的代号，与国外同功能集成电路保持相同的代号，即国产的集成电路与国外的集成电路第三部分代号相同时，为全仿制集成电路。

（4）第四部分含义：集成电路型号中的第四部分用一个大写字母表示工作温度。

（5）第五部分含义：集成电路型号中的第五部分用一个大写字母表示封装形式。

2. 国外集成运放型号

目前我国可以生产很多型号的集成运放，可以满足大部分的芯片需求，除了我国以外，世界上还有很多知名公司生产集成运放，常见的公司见表 6-3-1。

表 6-3-1　国外集成运放芯片制造公司列表

公司名称	缩写	商标符号	首标	举例
美国仙童公司	FSC	FAIRCHILD	混合电路首标：SH 模拟电路首标：μA	μA741
日本日立公司	HITJ	Hitachi	模拟电路首标：HA 数字电路首标　HD	HA741
日本松下公司	MATJ	MATJ	模拟 IC：AN 双极数字 IC：DN MOS IC：MN	DN74LS00
美国摩托罗拉公司	MOTA	MOTA	有封装 IC：MC	MC1503
美国微功耗公司	MPS	Micro Power System	器件首标：MP	MP4346
日本电气公司	NECJ	NEC	NEC 首标：μP 混合元件：A 双极数字：B 双极模拟：C MOS 数字：D	μPD7220
美国国家半导体公司	NSC	NSC	模拟/数字：AD 模拟混合：AH 模拟单片：AM CMOS 数字：CD 数字/模拟：DA 数字单片：DM 线性 FET：LF 线性混合：LH 线性单片：LM MOS 单片：MM	LM101
美国无线电公司	RCA	RCA	线性电路：CA CMOS 数字：CD 线性电路：LM	CD4060
日本东芝公司	TOSJ	TOSHBA	双极线性：TA CMOS 数字：TC 双极数字：TD	TA7173

练习与思考 14

一、问答题

1. 判断图 6-3-32 所示各电路中有无反馈？是直流反馈还是交流反馈？哪些构成了级间反馈？哪些构成了本级反馈？

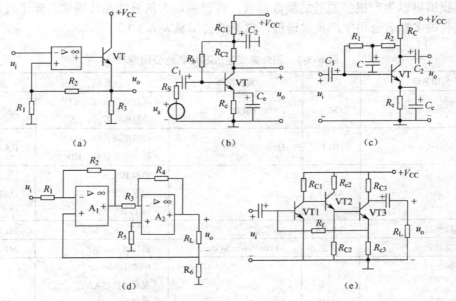

(a)　　　　(b)　　　　(c)

(d)　　　　(e)

图 6-3-32

2. 某一放大电路的开环电压放大倍数 $A=1000$，引入负反馈后，放大倍数稳定性提高到原来的 100 倍，试求：（1）反馈系数；（2）闭环放大倍数；（3）A 变化 $\pm10\%$ 时的闭环放大倍数及其相对变化量。

3. 已知某负反馈放大电路开环增益 $A=10^4$，反馈系数 $F=0.05$，试求：

（1）反馈深度；

（2）闭环增益 A_f；

（3）若开环增益 A 变化 10%，闭环增益 A_f 变化多少？

4. 已知电路处于深度负反馈，如图 6-3-33 所示，试估算电路的电压放大倍数。

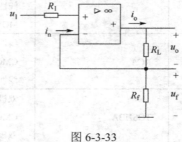

图 6-3-33

5. 电路如图 6-3-34 所示，集成运放输出电压的最大幅值为±14V，填表 6-3-2。

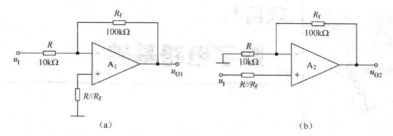

图 6-3-34

表 6-3-2

u_I/V	0.1	0.5	1.0	1.5
u_{O1}/V	−1	−5	−10	−14
u_{O2}/V	1.1	5.5	11	14

6. 电路如图 6-3-35 所示，试求：

（1）输入电阻；

（2）比例系数。

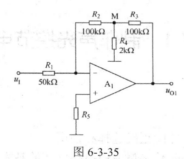

图 6-3-35

7. 试求如图 6-3-36 所示各电路输出电压与输入电压的运算关系式。

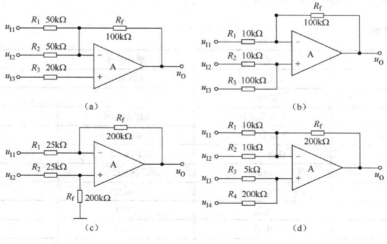

图 6-3-36

项目七
数字电路基础

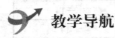

教学导航

本项目介绍数字电子电路（简称数字电路）的基本概念，逻辑门电路和逻辑代数，然后讨论可以实现各种逻辑功能的组合逻辑电路。

任务 7-1　制作声光控节电开关

1. 任务目标

（1）认识数字集成门电路，并能正确选择和使用。
（2）掌握用万用表测试、判断数字集成门电路好坏的基本方法。
（3）熟悉声光控节电开关的工作原理。
（4）会组装、调试声光控节电开关。

2. 元件清单

代号	名称	型号规格	数量
IC	集成与非门	CD4011	1
VT_1	晶体管	9014	1
VT_2	单向晶闸管	MCR100-6	1
$VD_1 \sim VD_4$	整流二极管	IN4001	4
VD_6	整流二极管	IN4007	1
R_1	电阻	180kΩ	1
R_2、R_3	电阻	20kΩ	2
R_4	电阻	2MΩ	1
R_5、R_6、R_7	电阻	56kΩ	3
R_8	电阻	1.5MΩ	1

续表

代号	名称	型号规格	数量
C_1、C_2	电解电容	22μF/16V	2
C_3	圆片电容	104	1
BM、RL	驻极体传声器、光敏电阻	—	各1
其他		印刷电路板（或万能电路板）、220V/25W 灯泡等	

3. 实践操作

（1）原理介绍，如图 7-1-1 所示为声光控节电开关原理图，该电路使用了数字集成电路 CD4011、光敏电阻、传声器、晶闸管等元器件。在夜晚无光照并有声音的条件下，CD4011 输出触发信号使晶闸管触发导通，灯泡点亮，延时后会自动熄灭。在白天有光照时，即使有声音信号，CD4011 也无触发信号输出，所以灯泡不亮。该电路可靠性高、外形美观、结构简单、体积小、制作容易，可用作公共场所的照明控制，从而达到节约用电的目的。

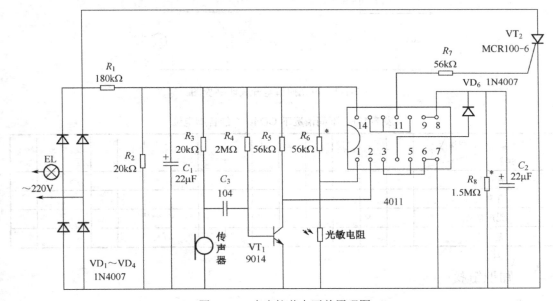

图 7-1-1　声光控节电开关原理图

（2）观察 CD4011、VT_1、VT_2、VD_1～VD_4 和电解电容器 C_1、C_2 外部形状，并区分管脚。

（3）用万用表检测元器件质量好坏，并进行整形和搪锡处理。

（4）按照图 7-1-2 所示印制板布置图，在印刷电路板（或万能板）上正确连接电路。

（5）通电前检查：对照原理图检查电源的连接；注意整流二极管、电解电容、晶体管及晶闸管的连接极性；特别要注意集成电路的引脚插接顺序。

（6）通电检测：在有声有光、有声无光、无声有光、无声无光四种组合情况下检测 CD4011 的各脚电位，记录在表 7-1-1 中。特别关注 2 脚与 1 脚电位值的变化，并说明其变化规律。

（7）试一试：改变 R_6 阻值，是否可以改变光的亮度；改变 C_2 容量或 R_8 阻值，是否可以改变延时时间的长短。

（8）记录不同情况下 CD4011 的各脚电位，完成表 7-1-1。

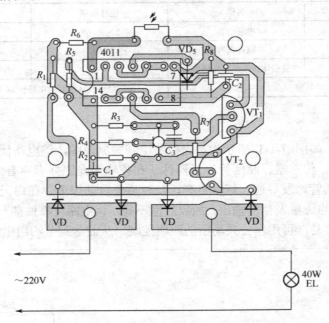

图 7-1-2　声光控节电开关印制板图

表 7-1-1　不同情况下 CD4011 的各脚电位

电压/V 条件														
有声有光														
有声无光														
无声有光														
无声无光														

 知识链接

7.1　数字电路基本概念

　　从 1876 年贝尔发明电话以来，经历了长达一个多世纪的发展，电话通讯服务已走进了千家万户，成为国家经济建设、社会生活和人们交流信息所不可缺少的重要工具。在最近二十年来，电话技术和业务发生了巨大变化，特别是手机的成功研发具有里程碑式的意义。手机是数字电路的典型应用。

1．数字电路的基本概念

数字量（Digital Quantity）是指在时间和数值上都具有离散特点的物理量。表示数字量的信号叫数字信号。工作在数字信号下的电子电路叫数字电路，又称为逻辑电路。图 7-1-3（b）所示为数字信号的波形图，数字电路的典型应用如图 7-1-4 所示。

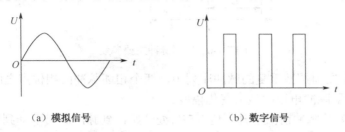

（a）模拟信号　　　　　　　　　　　　　（b）数字信号

图 7-1-3　信号波形图

图 7-1-4　数字电路典型应用

模拟量是指在时间和数值上都具有连续特点的物理量。表示模拟量的信号叫模拟信号。工作在模拟信号下的电子电路叫模拟电路。如图 7-1-3（a）是模拟信号的波形图，模拟电路的典型应用如图 7-1-5 所示。

数字电路显著优点：

（1）数字信号易于存储、加密、压缩、传输和再现；

（2）便于集成化、系列化生产，通用性强、使用方便、成本低廉；

（3）工作可靠性高、性能稳定、抗干扰能力强。

图 7-1-5　模拟电路典型应用

脉冲信号：是指不具有连续正弦波形状的信号。常用的脉冲信号有矩形波、方波、锯齿波等，其中最常用的是矩形波。为了定量描述矩形脉冲的特性，经常给出如图 7-1-6 中所标注的几个主要参数。

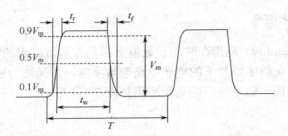

图 7-1-6　矩形脉冲主要参数

【脉冲周期 T】在周期性重复的脉冲序列中，两个相邻脉冲同相位点之间的时间间隔。

【脉冲幅度 V_m】脉冲电压的最大变化幅度。

【脉冲宽度 t_W】从脉冲前沿上升到达 $0.5V_m$ 处开始，到脉冲后沿下降到 $0.5V_m$ 为止的一段时间，又称为脉宽。

【上升时间 t_r】脉冲前沿从 $0.1V_m$ 上升到 $0.9V_m$ 所需的时间。

【下降时间 t_f】脉冲后沿从 $0.9V_m$ 下降到 $0.1V_m$ 所需的时间。

【占空比 q】脉冲宽度与脉冲周期的比值，即

$$q=t_W/T$$

注意：由数字信号定义及波形可见，其本质上也是一种脉冲信号，故矩形波、方波、锯齿波等脉冲信号就是典型的数字信号。脉冲信号具有边沿陡峭、持续时间短的特点。

2. 数制与码制

数制是人类进行计数时进位制的简称。在日常生活中最常用的是十进制数。但在计算机等数字电路中，由于其电气元件最易实现的稳定状态是"开"与"关"，故采用二进制数的"1"和"0"可以很方便地表示机内的数据运算与存储。在编程时，为了方便阅读和书写，人们还经常用十六进制来表示二进制数。此外，为了既满足人们的计数习惯，又能让计算机识别，便引入了 BCD 码。它用二进制数码按照不同的编码来表示十进制数，8421 码是最常用的一种 BCD 码。

初学者学习该课题时，一般应将二进制及二进制与十进制、十六进制转换方法及 8421BCD 码特点作为首要研究对象。

1）数制

（1）十进制

数码：0、1、2、3、4、5、6、7、8、9；

进位规则：逢十进一；

按权展开式：

$$(N)_{10} = \sum_{i=-m}^{n-1} a_i \times 10^i$$

式中，a_i 为十进制数的任意一个数码，n 表示整数部分数位，m 表示小数部分数位，下标 10（或 D）表示十进制数，在十进制中可以省略不标。例如：

$$(176.56)_D=1\times10^2+7\times10^1+6\times10^0+5\times10^{-1}+6\times10^{-2}$$

（2）二进制

数码：0、1;

进位规则：逢二进一;

按权展开式：

$$(N)_2 = \sum_{i=-m}^{n-1} a_i \times 2^i$$

式中，a_i 为 0 或 1 数码，n 表示整数部分数位，m 表示小数部分数位；下标 2（或 B）表示二进制数。例如：

$$(110.01)_B = 1 \times 2^2 + 1 \times 2^1 + 0 \times 2^0 + 0 \times 2^{-1} + 1 \times 2^{-2}$$

二进制运算规则：

加法：$0+0=0$　　　$0+1=1$　　　$1+0=1$　　　$1+1=10$

乘法：$0 \times 0=0$　　　$0 \times 1=0$　　　$1 \times 0=0$　　　$1 \times 1=1$

减法：$0-0=0$　　　$1-0=1$　　　$1-1=0$　　　$10-1=1$

（3）十六进制

数码：0～9、A、B、C、D、E、F;

进位规则：逢二进一;

按权展开式：

$$(N)_{16} = \sum_{i=-m}^{n-1} a_i \times 16^i$$

式中，a_i 为十六进制数的任意一个数码，n 表示整数部分数位，m 表示小数部分数位；下标 16（或 H）表示十六进制数。例如

$$(5D.6A)_H = 5 \times 16^1 + 13 \times 16^0 + 6 \times 16^{-1} + 10 \times 16^{-2}$$

（4）数制转换

① 任意数制转换为十进制数

转换方法：按权展开法。

具体操作：首先写出待转换数制的按权展开式，然后根据十进制数的运算规则进行计算，所得结果即为转换后的等值十进制数。

【例 7-1-1】将二进制数 $(10111.11)_B$ 和十六进制数 $(AE4.C)_H$ 转换为十进制数。

解：$(10111.11)_B = 1 \times 2^4 + 0 \times 2^3 + 1 \times 2^2 + 1 \times 2^1 + 1 \times 2^0 + 1 \times 2^{-1} + 1 \times 2^{-2}$

$\qquad\qquad\quad = 16 + 0 + 4 + 2 + 1 + 0.5 + 0.25$

$\qquad\qquad\quad = (23.75)$

$\quad (AE4.C)_H = 10 \times 16^2 + 14 \times 16^1 + 4 \times 16^0 + 12 \times 16^{-1}$

$\qquad\qquad\quad = 2560 + 224 + 4 + 0.75$

$\qquad\qquad\quad = (2788.75)$

② 常用数制之间的对应关系

十进制、二进制、十六进制数之间的对应关系如表 7-1-2 所示。

表 7-1-2 常用数制之间的对应关系

十进制	二进制	十六进制	十进制	二进制	十六进制
0	0000	0	8	1000	8
1	0001	1	9	1001	9
2	0010	2	10	1010	A
3	0011	3	11	1011	B
4	0100	4	12	1100	C
5	0101	5	13	1101	D
6	0110	6	14	1110	E
7	0111	7	15	1111	F

③ 二进制数与十六进制数的相互转换

由表 7-1-2 可知，4 位二进制数可以表示 1 位十六进制数，因此在二进制数与十六进制数之间进行转换时通常采用分组等值法。

具体操作：以小数点为基准，向左或者向右将二进制数按 4 位一组进行分组（当不足 4 位时，按整数部分从高位、小数部分从低位的原则予以补 0 处理），然后用对应十六进制数代替各组的二进制数，即可得等值的十六进制数。反之，将十六进制数的每个数码用相应的 4 位二进制数代替，并去除高、低位无效的 0，所得结果即为等值二进制数。

【例 7-1-2】将二进制数 $(101001111.11011)_B$ 转换为十六进制数，$(7F4.EC)_H$ 转换为二进制数。

解：$(101001111.11011)_B=(0001\ 0100\ 1111.1101\ 1000)_B=(14F.D8)_H$

$(7F4.EC)_H=(0111\ 1111\ 0100.1110\ 1100)_B=(11111110100.111011)_B$

④ 十进制数转换为二进制数

十进制数转换为二进制数需要将整数部分和小数部分分别进行转换。通常整数部分采用除 2 反序取余法进行转换，小数部分采用乘 2 顺序取整法进行转换。

具体操作：将给定的十进制整数部分依次除以 2，按反序的原则取余数即为等值二进制数；十进制小数部分依次乘以 2，按顺序的原则取整数即为等值二进制数。当小数部分不能精确转换为二进制小数时，可根据精度要求，保留几位小数。

此外，利用二进制数作桥梁，可以方便地将十进制数转换为十六进制数。

【例 7-1-3】将十进制数 $(12.1875)_D$ 转换为二进制数。

解：将整数部分和小数部分分别进行转换，然后将结果合并即可得等值二进制数。

整数部分	余数	小数部分	整数
2｜12	……0	$0.1875×2=0.3750$	……0
2｜6	……0	$0.3750×2=0.7500$	……0
2｜3	……1	$0.7500×2=1.5000$	……1
2｜1	……1	$0.5000×2=1.0000$	……1
0			

所以 $(12.1875)_D=(1100.0011)_B$

2）编码

利用二进制数表示图形、文字、符号和数字等信息的过程称为编码（Encode），编码的结果称为代码（Code）。例如，发送邮件时收/发信人的 E-mail、因特网上计算机主机的 IP 地址等，就是生活中常见的编码实例。

将十进制的 0～9 十个数字分别用 4 位二进制代码来表示，这种编码称为二-十进制编码，也称为 BCD 码。BCD 码常用的有 8421 码。在数字电路中，通常利用 8421 BCD 码描述电路工作状态，并将运算结果直接用十进制方式输出显示。十进制数与 8421 码对应关系见表 7-1-3。

表 7-1-3　十进制数与 8421 码对应关系

十进制	8421 BCD 码	十进制	8421 BCD 码
0	0000	5	0101
1	0001	6	0110
2	0010	7	0111
3	0011	8	1000
4	0100	9	1001

【例 7-1-4】将十进制数 $(469)_D$ 转换为 8421BCD 码。

解：将各位分开排列，转换为相应的 8421BCD 码

$$4 \qquad 6 \qquad 9$$
$$\downarrow \qquad \downarrow \qquad \downarrow$$
$$0100 \qquad 0110 \qquad 1001$$

因此，$(469)_D = (0100\ 0110\ 1001)_{8421\text{码}}$

7.2　基本逻辑与逻辑门电路

在数字电路中，经常遇到开关的通断、电压的高低、灯亮或灯灭等一些相互对立的现象，这些现象可以用"1"或"0"来表示，这里"1"或"0"并不表示数值的大小，而是表示相互对立的两种逻辑状态。

数字电路中的基本逻辑有与逻辑（AND）、或逻辑（OR）和非逻辑（NOT）三种。能实现某种逻辑功能的数字电路称为逻辑门电路，常用逻辑门电路有与门、或门、非门、与非门、或非门等。在工程技术中，若已知逻辑门电路逻辑关系，则可对其输入、输出波形进行定性分析。

1. 与逻辑和与门电路

当决定事物结果的全部条件同时具备时，结果才发生的逻辑关系称为与逻辑，又称为逻辑乘。在图 7-1-7（a）所示的电路中，只有当开关 A、B 都闭合时，指示灯 Y 才能亮；只要有一个开关断开，指示灯就不亮。可以看出，串联开关是与逻辑关系。

设开关接通为"1"，断开为"0"，指示灯亮为"1"，灯灭为"0"，则可列出其功能描述真值表如表 7-1-4 所示。

由表 7-1-4 可知，与逻辑常量运算规则为：

$$0 \bullet 0 = 0 \qquad\qquad 0 \bullet 1 = 0$$
$$1 \bullet 0 = 0 \qquad\qquad 1 \bullet 1 = 1$$

与逻辑函数式为：$Y = A \bullet B$

式中 $\bullet$ 是与逻辑运算符，读作"与"，实际应用时 $\bullet$ 可省略。与逻辑门电路图形符号如图 7-1-7（b）所示。其中 A、B 为输入变量，Y 为输出变量。

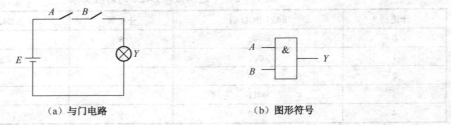

（a）与门电路　　　　　　　　　　（b）图形符号

图 7-1-7　与逻辑电路及与逻辑电路图形符号

表 7-1-4　与逻辑真值表

A	B	Y	A	B	Y
0	0	0	1	0	0
0	1	0	1	1	1

2．或逻辑和或门电路

当决定事物结果条件中只要有任何一个满足，结果就会发生的逻辑关系称为或逻辑，又称为逻辑加。在如图 7-1-8（a）所示开关控制电路中，开关 A 或开关 B 闭合时，指示灯 Y 都能点亮。只有开关 A、B 全部断开时，指示灯 Y 才不亮。由此可知并联开关是或逻辑关系。或逻辑真值表如表 7-1-5 所示。

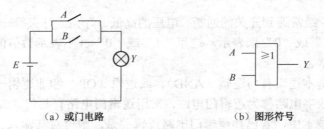

（a）或门电路　　　　　　　　　　（b）图形符号

图 7-1-8　或逻辑电路及或逻辑门电路图形符号

表 7-1-5　或逻辑真值表

A	B	Y	A	B	Y
0	0	0	1	0	1
0	1	1	1	1	1

由表 7-1-5 可知，或逻辑常量运算规则为：

$$0 + 0 = 0 \qquad\qquad 0 + 1 = 1$$
$$1 + 0 = 1 \qquad\qquad 1 + 1 = 1$$

或逻辑函数式为：

$$Y = A + B$$

式中"＋"是或逻辑运算符，读作"或"。或逻辑门电路图形符号如图 7-1-8（b）所示。

3．非逻辑和非门电路

当决定事物结果的条件具备时结果不发生，条件不具备时结果发生的逻辑关系称为非逻辑，又称为逻辑求反。在如图 7-1-9（a）所示开关控制电路中，开关 A 闭合时，指示灯 Y 不亮；开关 A 断开时，指示灯 Y 点亮。由此可知开关与负载是非逻辑关系。非逻辑真值表如表 7-1-6 所示。

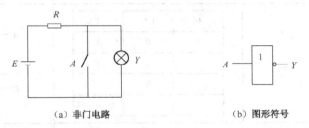

（a）非门电路　　　　　　　　　　　（b）图形符号

图 7-1-9　非逻辑电路及非逻辑门电路图形符号

表 7-1-6　非逻辑真值表

A	Y
0	1
1	0

由表 7-1-6 可知，非逻辑常量运算规则为：

$$\overline{0} = 1 \qquad\qquad \overline{1} = 0$$

非逻辑函数式为：$Y = \overline{A}$

式中"‾"是非逻辑运算符，读作"非"。

非逻辑门电路图形符号如图 7-1-9（b）所示。

4．复合逻辑和常用逻辑门电路

在数字电路中，常采用复合逻辑门电路实现逻辑功能。最常用的复合逻辑运算有与非（NAND）逻辑、或非（NOR）逻辑、与或非（AND-OR-NOR）逻辑、异或（XOR）逻辑、同或（XNOR）逻辑等。这些复合逻辑的逻辑函数式、真值表以及逻辑图形符号如表 7-1-7 所示。

表 7-1-7　常用复合逻辑函数式、真值表、图形符号

逻辑名称	逻辑函数式	真值表			图形符号
		A	B	Y	
与非逻辑	$Y = \overline{A \cdot B}$	0	0	1	
		0	1	1	
		1	0	1	
		1	1	0	

续表

逻辑名称	逻辑函数式	真值表			图形符号

逻辑名称	逻辑函数式		真值表		图形符号
或非逻辑	$Y = \overline{A+B}$	A / 0 / 0 / 1 / 1	B / 0 / 1 / 0 / 1	Y / 1 / 0 / 0 / 0	
与或非逻辑	$Y = \overline{AB+CD}$	AB / 0 / 0 / 1 / 1	CD / 0 / 1 / 0 / 1	Y / 1 / 1 / 1 / 0	
异或逻辑	$Y = A \oplus B$ $= \overline{A}B + A\overline{B}$	A / 0 / 0 / 1 / 1	B / 0 / 1 / 0 / 1	Y / 0 / 1 / 1 / 0	
同或逻辑	$Y = A \odot B$ $= AB + \overline{AB}$	A / 0 / 0 / 1 / 1	B / 0 / 1 / 0 / 1	Y / 1 / 0 / 0 / 1	

7.3 逻辑函数及逻辑函数的代数化简

7.3.1 逻辑函数及其描述

在数字电路中，如果以逻辑变量作为输入变量，以逻辑结果作为输出变量，当逻辑变量的取值确定后，输出变量也随之确定，即输入变量与输出变量之间为函数关系。这种函数关系称为逻辑函数，表达式为：

$$Y = F\ (A,\ B,\ C,\ \cdots)$$

式中，Y 表示输出变量，F 表示逻辑关系，A、B、C 表示输入变量。由于输入、输出变量取值只有 0 和 1 两种状态，所以我们讨论的都是二值逻辑函数。

逻辑函数的常用描述方法有逻辑真值表、逻辑函数式和逻辑图。初学者学习该课程时，要解决如何利用不同描述方法描述逻辑函数的问题。

1. 逻辑真值表

逻辑真值表（Truth Table）是指将逻辑函数输入变量的各种可能取值及其对应的输出变量数值列出构成的表格，简称真值表。利用真值表可以直观地描述逻辑函数输入、输出变量对应关系，是常用描述方法之一。

【例 7-1-5】某报警电路由 3 个传感器 A、B、C 组成，当任意两个或两个以上的传感器有报警信号时，报警电路发出声光报警，试列出其真值表。

解：设传感器 A、B、C 为输入变量，且规定当有报警信号时用 1 表示，无报警信号时用 0 表示，由于该报警电路有三个输入变量，故输入变量对应 $2^3=8$ 种取值组合，分别为 000、001、010、011、100、101、110、111；声光报警信号为输出变量，用 Y 表示，且规定当有声光报警信号时用 1 表示，无声光报警信号用 0 表示。根据题意，列出真值表如表 7-1-8 所示。

表 7-1-8　真值表

A	B	C	Y	A	B	C	Y
0	0	0	0	1	0	0	0
0	0	1	0	1	0	1	1
0	1	0	0	1	1	0	1
0	1	1	1	1	1	1	1

2. 逻辑函数式

将输入变量与输出变量之间的逻辑关系写成与逻辑、或逻辑、非逻辑等基本逻辑的组合方式，称为逻辑函数式。与真值表一样，也能准确地描述逻辑函数的逻辑关系。

由真值表转化为逻辑函数式的方法如下：

（1）找出函数值为 1 的项；

（2）将这些项中输入变量取值为 1 的用原变量代替，取值为 0 的用反变量代替，则得到一系列与项；

（3）将这些与项相加即得逻辑式。

仍以例 7-1-5 为例，根据对电路的要求和与逻辑、或逻辑等逻辑门电路的定义，该报警电路的逻辑函数式为：

$$Y = \overline{A}BC + A\overline{B}C + AB\overline{C} + ABC = AB + AC + BC \quad （具体逻辑函数的化简参考 7.1.5）$$

3. 逻辑图

将逻辑函数式中各变量之间的逻辑关系用与逻辑、或逻辑、非逻辑等图形符号表示形成的图样，称为逻辑图。在数字电路设计中必须用到。

为了画出例 7-1-5 报警电路逻辑图，只要用逻辑运算的图形符号代替逻辑函数式中的代数运算符号即可，如图 7-1-10 所示。

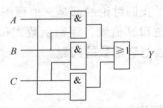

图 7-1-10　报警电路逻辑图

7.3.2　逻辑函数的代数化简

1. 逻辑代数的基本定律和常用公式

1）逻辑代数的基本定律

交换律	$A+B=B+A$　　　　　　　　$AB=BA$
结合律	$(A+B)+C=A+(B+C)$　　　$(AB)C=A(BC)$
分配律	$A(B+C)=AB+AC$　　　　　$A+BC=(A+B)(A+C)$
反演律	$\overline{AB}=\overline{A}+\overline{B}$　　　　　　　　$\overline{A+B}=\overline{AB}$

逻辑等式的证明方法一般有：利用真值表和利用基本公式和基本定律。

【例 7-1-6】证明反演律的正确性。

解：采用真值表法，真值表如表 7-1-9 所示。

表 7-1-9　真值表

A　B	$\overline{A \cdot B}$	$\overline{A+B}$	$\overline{A}+\overline{B}$	$\overline{A} \cdot \overline{B}$
0　0	1	1	1	1
0　1	1	1	0	0
1　0	1	1	0	0
1　1	0	0	0	0

由表可证反演律成立。反演律又称摩根定律，其推广公式如下：

$$\overline{A+B+C+\cdots}=\overline{A}\,\overline{B}\,\overline{C}\cdots$$

$$\overline{ABC\cdots}=\overline{A}+\overline{B}+\overline{C}+\cdots$$

2）逻辑代数的常用公式

（1）并项法：$AB+A\overline{B}=A$

证明：$AB+A\overline{B}=A(B+\overline{B})=A$

（2）吸收法：$A+AB=A$

证明：$A+AB=A(1+B)=A$

（3）消去法：$A+\overline{A}B=A+B$

证明：$A+\overline{A}B=(A+\overline{A})(A+B)=A+B$

（4）消去法：$AB+\overline{A}C+BC=AB+\overline{A}C$

证明：$AB+\overline{A}C+BC=AB+\overline{A}C+BC(A+\overline{A})=AB+ABC+\overline{A}C+\overline{A}BC$

$$=AB(1+C)+\overline{A}C(1+B)=AB+\overline{A}C$$

推广公式为：$AB+\overline{A}C+BCD+\cdots=AB+\overline{A}C$

（5）配项法：$A+\overline{A}=1$、$A+A=A$

【例 7-1-7】化简：① $Y=A\overline{B}C+A\overline{B}\overline{C}$；② $Y=ABC+B+BC\overline{D}$；

③ $Y=BC+\overline{B}D+\overline{C}D$；④ $Y=AB+\overline{A}D+B\overline{D}E+\overline{A}BC\overline{D}E$

⑤ $Y=\overline{A}\overline{B}C+AB\overline{C}+A\overline{B}\overline{C}$

解：① $Y=A\overline{B}C+A\overline{B}\overline{C}=A\overline{B}(C+\overline{C})=A\overline{B}$

② $Y=ABC+B+BC\overline{D}=B(AC+1+C\overline{D})=B$

③ $Y=BC+\overline{B}D+\overline{C}D=BC+D(\overline{B}+\overline{C})=BC+\overline{BC}D$

④ $Y=AB+\overline{A}D+B\overline{D}E+\overline{A}BC\overline{D}E=AB+\overline{A}D+\overline{A}BC\overline{D}E=AB+\overline{A}D(1+BCE)=AB+\overline{A}D$

⑤ $Y=\overline{A}\overline{B}C+AB\overline{C}+A\overline{B}\overline{C}=\overline{B}C(\overline{A}+A)+AB\overline{C}=\overline{B}C+AB\overline{C}$

$$=\overline{C}(AB+\overline{B})=\overline{C}(A+\overline{B})=A\overline{C}+\overline{B}\overline{C}$$

7.4　集成逻辑门电路

1961 年，美国德克萨斯仪器公司率先将数字电路的元器件和连线制作在同一硅片上，制成了数字集成电路。由于集成电路体积小、重量轻、可靠性好等优点，因而在大多数领域迅速取代了分立元器件电路。常用数字集成电路系列有 TTL 系列、CMOS 系列集成电路。

1. TTL 集成电路

TTL 集成电路的全称是晶体管-晶体管逻辑（Transistor-Transistor Logic）集成电路。TTL 集成门电路的基本形式是与非门，其典型内部电路结构如图 7-1-11 所示。图中 V_1 为多发射极晶体管，A 和 B 为信号输入端，Y 为信号输出端。

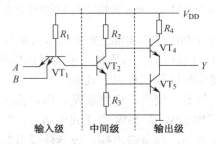

图 7-1-11　TTL 集成与非门内部电路结构

考虑到国际上通用标准型号和我国现行的国家标准，我国 TTL 数字集成电路分为 54/74

系列、54H/74H 系列、54S/74S 系列、54LS/74LS 系列四大类。有关 74 系列芯片资料请参考附录 C。

TTL 集成门电路是一种有源电路，其使用的电源电压为 5V，工作时高电平为 3.6V，低电平为 0.3～0.5V，除工作时必须接上额定的工作电压，并与负载匹配外，还应注意以下因素。

（1）TTL 集成门电路（OC 门和三态门除外）的输出端不允许并联使用，也不允许直接与 +5V 电源或地线相连，否则，将会使电路的逻辑功能混乱并损坏元器件。

（2）TTL 集成门电路输出端外接电阻选择要准确，否则会影响电路的正常工作。

（3）多余输入端的处理。输入端可以直接或串接 $0.1\Omega \sim 10k\Omega$ 电阻器后再接电源电压 U_{DD} 来获得高电平输入，如直接接地则为低电平输入。或门、或非门等 TTL 电路的多余输入端不能悬空，只能接地。与门、与非门等 TTL 电路的多余输入端可以悬空（相当于接高电平），但因悬空时对地呈高阻，容易受外界干扰。如果不悬空也可将它们直接接于电源电压+5V 或与其他输入端并联使用，以增强电路的可靠性。

（4）TTL 集成门电路工作时的高速切换将产生电流跳变，该电流在公共地线上的电压降会引起噪声干扰，因此对利用 TTL 器件的数字系统进行工艺设计时应尽量缩短地线长度。同时加强对电源输入端的高、低频滤波。

（5）严禁带电操作，必须在切断电源的前提下，插拔和焊接 TTL 数字集成电路，以免引起集成电路的损坏。

2．CMOS 集成电路

CMOS 集成电路是互补对称金属-氧化物-半导体集成电路的简称，其使用的电源电压为 $3\sim 18V$，工作时高电平为 V_{DD}，低电平为 0V，CMOS 集成非门内部电路结构如图 7-1-12（a）所示，CMOS 集成非门电路的工作状态如图 7-1-12（b）所示。

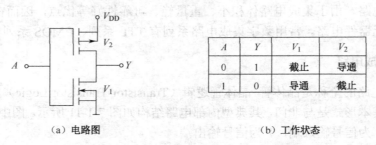

A	Y	V_1	V_2
0	1	截止	导通
1	0	导通	截止

（a）电路图　　　　　　　　　　（b）工作状态

图 7-1-12　CMOS 反相器电路及工作状态

CMOS 集成门电路主要有 4000、74C 和硅-氧化铝三大系列产品。

由于 CMOS 集成门电路具有很高的输入阻抗，很容易因感应静电而被击穿。虽然其内部设置有多层保护电路，但在使用时还要注意以下几点。

（1）组装、调试时，所用仪器、仪表、电路板及工作台都应良好接地。

（2）焊接 CMOS 电路应采用 20W 或 25W 内热式电烙铁，功率不宜过大，且应良好接地。

（3）为避免瞬态电压损坏器件，严禁带电插、拔器件或拆装电路板。

（4）虽然 CMOS 集成门电路对电源电压的要求范围比较宽。但也不能过高或超过电源电压的极限值，更不能将电源极性接反，以免烧毁器件。

226

（5）CMOS 集成门电路不用的输入端或多余的门都不能悬空，应根据不同的逻辑功能，分别与 V_{DD}（高电位）或 A_{ss}（低电位）相连，或者与有用的输入端并在一起，这样并联使用还可以增加输出端的负载能力。

（6）输出端不允许直接与 V_{DD} 或 A_{ss} 连接，否则将导致器件损坏。

（7）为防止由静电电压造成的损坏，在储存和运输 CMOS 器件时不能使用易产生静电高压的化工材料和化纤织物包装，最好采用金属屏蔽层做包装材料。

知识拓展——数字集成电路简介

如图 7-1-13 所示为常用数字集成电路的封装形式及引脚排列方法。

1. TTL 系列集成与非门 74LS10

TTL 系列集成与非门 74LS10 外形、引脚排列如图 7-1-14 所示。

74LS10 芯片各引脚的功能为

（1）$1A \sim 3A$、$1B \sim 3B$、$1C \sim 3C$：数码输入端；

（2）$1Y \sim 3Y$：数码输出端；

（3）V_{cc}：电源端；

（4）GND：接地端；

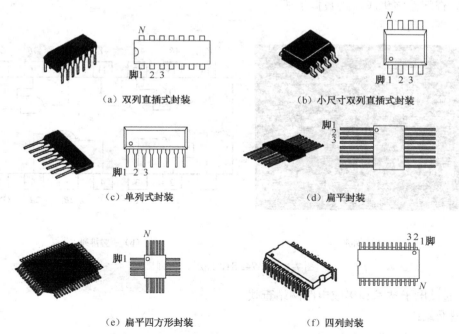

（a）双列直插式封装　　　　（b）小尺寸双列直插式封装

（c）单列式封装　　　　　　（d）扁平封装

（e）扁平四方形封装　　　　（f）四列封装

图 7-1-13　常用数字集成电路的封装形式及引脚排列方法

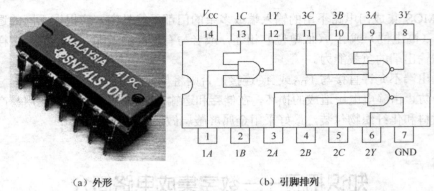

（a）外形　　　　　（b）引脚排列

图 7-1-14　74LS10 外形、引脚排列

2．CMOS 系列集成与非门 CD4011

CD4011 外形、引脚排列如图 7-1-15 所示。

CD4011 芯片各引脚的功能为：

（1）$1A \sim 4A$、$1B \sim 4B$：数码输入端；

（2）$1Y \sim 4Y$：数码输出端；

（3）V_{DD}：电源端；

（4）GND：接地端；

3．数字集成电路技术参数的获得途径

（1）查阅数字集成电路数据手册

（2）查阅互联网

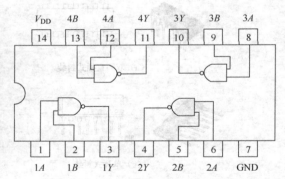

（a）外形　　　　　　　　　　（b）引脚排列

图 7-1-15　74LS10 外形、引脚排列

① 通过电子技术和集成电路网站查找。

典型网站：

http://www.datasheet5.com

http://www.21ic.com

http://www.icpdf.com

http://www.elecfans.com

http://www.dzjsw.com

② 在集成电路生产厂家的网站上查找。互联网上一般提供集成电路相关的技术资料，在搜索网站上一般也能搜索到国内外集成电路生产厂商的网址。这些生产厂商网址上的产品介绍一栏中一般都提供了该公司集成电路的详细技术资料，我们可以在线下载或通过E-mail 索取。

③ 使用通用引擎搜索。在互联网的搜索引擎（如百度：http://www.baidu.com）上直接输入需查找的集成电路型号（如"74LS10"），就能搜索到有关该集成电路的资料和相关信息，如图 7-1-16 所示。

图 7-1-16　74LS10 资料搜索

练习与思考 15

一、填空题

1. 数字量是指在时间和数值上都具有_____特点的物理量。表示数字量的信号叫数字信号。工作在数字信号下的电子电路叫数字电路，又称为逻辑电路。

2. 利用二进制数表示图形、文字、符号和数字等信息的过程称为_____。

3. 当决定事物结果的全部条件同时具备时，结果才发生的逻辑关系称为_____。

4. 当决定事物结果条件中只要有任何一个满足，结果就会发生的逻辑关系称为_____。

5. 逻辑函数的常用描述方法有_____、_____ 和_____。

6. TTL 集成电路的全称是_____集成电路。

7. CMOS 集成电路是＿＿＿＿＿＿＿＿＿＿＿＿＿＿＿＿＿＿＿＿＿集成电路的简称。

8. TTL 集成门电路是一种有源电路，其使用的电源电压为＿＿＿＿＿＿＿＿＿＿。

二、判断题（正确的打 √，错误的打 ×）

1. 矩形波、方波、锯齿波等脉冲信号就是典型的数字信号。（　　　）

2. 在编程时，为了方便阅读和书写，人们经常用十六进制来表示二进制数。（　　　）

3. $A+BC=(A+B)(A+C)$。（　　　）

4. $Y = AB + \overline{AD} + B\overline{DE} + \overline{ABCDE} = AB + \overline{AD}$。（　　　）

5. 可以在不切断电源的前提下，插拔和焊接 TTL 数字集成电路。（　　　）

6. CMOS 集成门电路不用的输入端或多余的门都不能悬空。（　　　）

三、问答题

1. 简述二进制数与十六进制数的相互转换？

2. 简述由真值表转化为逻辑函数式的方法？

四、分析计算题

1. 试分析如图 7-1-17 所示逻辑电路，并写出 F_1、F_2 的表达式。

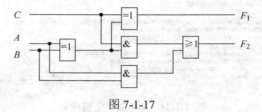

图 7-1-17

2. 分析如图 7-1-18 所示电路的功能。（写出输出逻辑表达式，列出真值表，说明电路的功能）

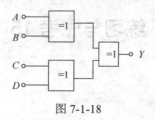

图 7-1-18

附　　录

附录 A　Multisim7 简单使用教程

1. 单击任务栏上"开始"→"程序"→"Multisim7 程序组"→"Multisim7"，进入 Multisim7 主窗口，如图 A-1-1 所示。主窗口主要由电路工作区、菜单栏、工具栏、元器件栏、仿真开关等组成。

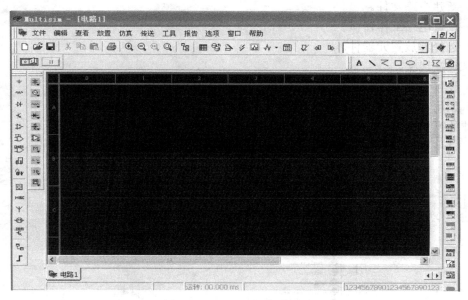

图 A-1-1　Multisim7 主界面

2. Multisim7 工具栏可以通过"查看"菜单调出来，常用的工具栏有：标准工具栏（如图 A-1-2 所示），元件工具栏（如图 A-2-3 所示），图形注解工具栏（如图 A-1-4 所示），仪器工具栏（如图 A-1-5 所示），仿真开关及虚拟工具栏（如图 A-1-6 所示）。

图 A-1-2　Multisim7 标准工具栏

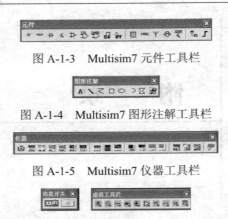

图 A-1-3　Multisim7 元件工具栏

图 A-1-4　Multisim7 图形注解工具栏

图 A-1-5　Multisim7 仪器工具栏

图 A-1-6　Multisim7 仿真开关及虚拟工具栏

3．元器件库栏有两种工业标准，即 ANSI（美国标准）和 DIN（欧洲标准），每种标准采用不同的图形符号表示。Multisim7 提供有实际元器件和虚拟元器件，实际元器件是具有实际标称值或型号的元器件，一般提供有元件封装；虚拟元器件用户可随意定义其数值或型号。

虚拟元器件和实际元器件在打开的部件箱中以不同的颜色显示，前者默认为绿色。

4．进行电路仿真实验前必须先搭接好线路，仿真电路的建立主要包括以下几个过程。

（1）新建电路文件。

（2）设置电路工作窗口。

（3）选择和放置元器件。

（4）连接线路。

（5）设置元器件参数。

（6）调用和连接仪器。

具体的操作也可以查看帮助主题，如图 A-1-7 所示。

图 A-1-7　Multisim7 仿真开关及虚拟工具栏

附录 B　低压配电线路保护与电击防护部分

《低压配电设计规范》 GB50054—1995

4.2.1 配电线路的短路保护，应在短路电流对导体和连接件产生的热作用和机械作用造成危害之前切断短路电流。

《低压配电设计规范》 GB50054—1995

4.3.5 突然断电比过负载造成的损失更大的线路，其过负载保护应作用于信号而不应作用于切断电路。线路的过负载毕竟还未成短路，短时间的过负载并不立即引起灾害，在某些情况下可让导体超过允许温度运行，也即牺牲一些使用寿命以保证对某些负荷的供电不中断，如消防水泵之类的负荷，这时保护可作用于信号。

《低压配电设计规范》 GB50054—1995

4.4.7 相线对地标称电压为 220V 的 TN 系统配电线路的接地故障保护，其切断故障回路的时间应符合下列规定：

一、配电线路或仅供给固定式电气设备用电的末端线路，不宜大于 5s；

二、供电给手握式电气设备和移动式电气设备的末端线路或插座回路，不应大于 0.4s。

对供电给固定式设备的末端线路切断故障的时间规定为不大于 5s，这是因为使用它时设备外露导电部分不是被手抓握住，发生接地故障时不论接触电压为多少它易于挣脱，也不易出现在发生接地故障时人手正好与之接触的情况。5s 这一时间值的规定是考虑了防电气火灾以及电气设备和线路绝缘热稳定的要求，同时也考虑了躲开大电动机启动电流以及当线路长、故障电流小时保护电器动作时间长等因素，因此 5s 值的规定并非十分严格。本条第一款对 5s 的规定采用了"宜"这一严格程度用词。

供电给手握式和移动式电气设备的末端配电线路，其情况则不同。当发生接地故障时，人的手掌肌肉对电流的反应是不由意志的紧握不放，不能迅速脱离带电体，从而长时间承受接触电压。按 IEC 标准 479-l 规定的数据如不及时切断故障将导致心室纤颤而死亡。另外，这种设备容易发生接地故障，而且往往在使用中发生故障，这就更增加了危险性。IEC 标准 364-41 修改文件规定，各级电压的手握式和移动式设备供电线路切断故障的允许最大时间为一相应的定值。对于 220/380V 的电气装置，此时间值为 0.4s，确定此值时已计及了总等电位联结的作用、PE 线与相线截面自 1∶3 到 1∶1 的变化，以及线路电压偏移等影响。这一修改大大简化了设计工作。

《低压配电设计规范》 GB50054—1995

4.4.21 为减少接地故障引起的电气火灾危险而装设的漏电电流动作保护器，其额定动作电流不应超过 0.5A。

《住宅建筑规范》 GB50368—2005

8.5.2 住宅供配电应采取措施防止因接地故障等引起的火灾。

《低压配电设计规范》GB50054—1995

3.2.1 在有人的一般场所，有危险电位的裸带电体应加遮护或置于人的伸臂范围以外。

注：①置于伸臂范围以外的保护仅用来防止人无意识地触及裸带电体；

②伸臂范围是指人手伸出后可能触及的区域。

防直接电击事故有许多种保护办法，如采用安全超低压配电、限制放电能量、裸导体包绝缘材料、采用遮护物、将裸导体置于伸臂范围以外的保护等。

本节所定的安全保护措施主要是采用遮护物和外罩以及加大人与裸带电体之间的距离等办法，以防止人无意识地触及裸带电体。

《低压配电设计规范》GB50054—1995

3.2.2 标称电压超过交流25V（均方根值）容易被触及的裸带电体必须设置遮护物或外罩，其防护等级不应低于《外壳防护等级分类》（GB 4208—84）的 IP2X 级。

本条采用国际电工委员会标准 IEC364—4 的规定，不需防直接电击保护的安全电压是交流 25V。根据国标《外壳防护等级分类》（GB4208—84）的规定，IP2X 级的防护，能防止直径大于 12mm 的固体异物进入防护壳内；能防止手指或长度不大于 80mm 的类似物触及壳内带电部分或运动部件。

附录 C　74 系列芯片资料

型号	内容
7400	TTL 2 输入端四与非门
7401	TTL 集电极开路 2 输入端四与非门
7402	TTL 2 输入端四或非门
7403	TTL 集电极开路 2 输入端四与非门
7404	TTL 六反相器
7405	TTL 集电极开路六反相器
7406	TTL 集电极开路六反相高压驱动器
7407	TTL 集电极开路六正相高压驱动器
7408	TTL 2 输入端四与门
7409	TTL 集电极开路 2 输入端四与门
7410	TTL 3 输入端 3 与非门
74107	TTL 带清除主从双 J-K 触发器
74109	TTL 带预置清除正触发双 J-K 触发器
7411	TTL 3 输入端 3 与门
74112	TTL 带预置清除负触发双 J-K 触发器
7412	TTL 开路输出 3 输入端三与非门
74121	TTL 单稳态多谐振荡器

74122	TTL 可再触发单稳态多谐振荡器
74123	TTL 双可再触发单稳态多谐振荡器
74125	TTL 三态输出高有效四总线缓冲门
74126	TTL 三态输出低有效四总线缓冲门
7413	TTL 4 输入端双与非施密特触发器
74132	TTL 2 输入端四与非施密特触发器
74133	TTL 13 输入端与非门
74136	TTL 四异或门
74138	TTL 3-8 线译码器/复工器
74139	TTL 双 2-4 线译码器/复工器
7414	TTL 六反相施密特触发器
74145	TTL BCD-十进制译码/驱动器
7415	TTL 开路输出 3 输入端三与门
74150	TTL 16 选 1 数据选择/多路开关
74151	TTL 8 选 1 数据选择器
74153	TTL 双 4 选 1 数据选择器
74154	TTL 4 线-16 线译码器
74155	TTL 图腾柱输出译码器/分配器
74156	TTL 开路输出译码器/分配器
74157	TTL 同相输出四 2 选 1 数据选择器
74158	TTL 反相输出四 2 选 1 数据选择器
7416	TTL 开路输出六反相缓冲/驱动器
74160	TTL 可预置 BCD 异步清除计数器
74161	TTL 可予制四位二进制异步清除计数器
74162	TTL 可预置 BCD 同步清除计数器
74163	TTL 可予制四位二进制同步清除计数器
74164	TTL 八位串行入/并行输出移位寄存器
74165	TTL 八位并行入/串行输出移位寄存器
74166	TTL 八位并入/串出移位寄存器
74169	TTL 二进制四位加/减同步计数器
7417	TTL 开路输出六同相缓冲/驱动器
74170	TTL 开路输出 4×4 寄存器堆
74173	TTL 三态输出四位 D 型寄存器
74174	TTL 带公共时钟和复位六 D 触发器
74175	TTL 带公共时钟和复位四 D 触发器
74180	TTL 9 位奇数/偶数发生器/校验器
74181	TTL 算术逻辑单元/函数发生器
74185	TTL 二进制-BCD 代码转换器
74190	TTL BCD 同步加/减计数器

74191　TTL 二进制同步可逆计数器

74192　TTL 可预置 BCD 双时钟可逆计数器

74193　TTL 可预置四位二进制双时钟可逆计数器

74194　TTL 四位双向通用移位寄存器

74195　TTL 四位并行通道移位寄存器

74196　TTL 十进制/二–十进制可预置计数锁存器

74197　TTL 二进制可预置锁存器/计数器

7420　TTL 4 输入端双与非门

7421　TTL 4 输入端双与门

7422　TTL 开路输出 4 输入端双与非门

74221　TTL 双/单稳态多谐振荡器

74240　TTL 八反相三态缓冲器/线驱动器

74241　TTL 八同相三态缓冲器/线驱动器

74243　TTL 四同相三态总线收发器

74244　TTL 八同相三态缓冲器/线驱动器

74245　TTL 八同相三态总线收发器

74247　TTL BCD–7 段 15V 输出译码/驱动器

74248　TTL BCD–7 段译码/升压输出驱动器

74249　TTL BCD–7 段译码/开路输出驱动器

74251　TTL 三态输出 8 选 1 数据选择器/复工器

74253　TTL 三态输出双 4 选 1 数据选择器/复工器

74256　TTL 双四位可寻址锁存器

74257　TTL 三态原码四 2 选 1 数据选择器/复工器

74258　TTL 三态反码四 2 选 1 数据选择器/复工器

74259　TTL 八位可寻址锁存器/3-8 线译码器

7426　TTL 2 输入端高压接口四与非门

74260　TTL 5 输入端双或非门

74266　TTL 2 输入端四异或非门

7427　TTL 3 输入端三或非门

74273　TTL 带公共时钟复位八 D 触发器

74279　TTL 四图腾柱输出 S-R 锁存器

7428　TTL 2 输入端四或非门缓冲器

74283　TTL 4 位二进制全加器

74290　TTL 二/五分频十进制计数器

74293　TTL 二/八分频四位二进制计数器

74295　TTL 四位双向通用移位寄存器

74298　TTL 四 2 输入多路带存储开关

74299　TTL 三态输出八位通用移位寄存器

7430　TTL 8 输入端与非门

7432	TTL 2 输入端四或门
74322	TTL 带符号扩展端八位移位寄存器
74323	TTL 三态输出八位双向移位/存贮寄存器
7433	TTL 开路输出 2 输入端四或非缓冲器
74347	TTL BCD-7 段译码器/驱动器
74352	TTL 双 4 选 1 数据选择器/复工器
74353	TTL 三态输出双 4 选 1 数据选择器/复工器
74365	TTL 门使能输入三态输出六同相线驱动器
74365	TTL 门使能输入三态输出六同相线驱动器
74366	TTL 门使能输入三态输出六反相线驱动器
74367	TTL 4/2 线使能输入三态六同相线驱动器
74368	TTL 4/2 线使能输入三态六反相线驱动器
7437	TTL 开路输出 2 输入端四与非缓冲器
74373	TTL 三态同相八 D 锁存器
74374	TTL 三态反相八 D 锁存器
74375	TTL 4 位双稳态锁存器
74377	TTL 单边输出公共使能八 D 锁存器
74378	TTL 单边输出公共使能六 D 锁存器
74379	TTL 双边输出公共使能四 D 锁存器
7438	TTL 开路输出 2 输入端四与非缓冲器
74380	TTL 多功能八进制寄存器
7439	TTL 开路输出 2 输入端四与非缓冲器
74390	TTL 双十进制计数器
74393	TTL 双四位二进制计数器
7440	TTL 4 输入端双与非缓冲器
7442	TTL BCD-十进制代码转换器
74352	TTL 双 4 选 1 数据选择器/复工器
74353	TTL 三态输出双 4 选 1 数据选择器/复工器
74365	TTL 门使能输入三态输出六同相线驱动器
74366	TTL 门使能输入三态输出六反相线驱动器
74367	TTL 4/2 线使能输入三态六同相线驱动器
74368	TTL 4/2 线使能输入三态六反相线驱动器
7437	TTL 开路输出 2 输入端四与非缓冲器
74373	TTL 三态同相八 D 锁存器
74374	TTL 三态反相八 D 锁存器
74375	TTL 4 位双稳态锁存器
74377	TTL 单边输出公共使能八 D 锁存器
74378	TTL 单边输出公共使能六 D 锁存器
74379	TTL 双边输出公共使能四 D 锁存器

7438　　TTL 开路输出 2 输入端四与非缓冲器

74380　　TTL 多功能八进制寄存器

7439　　TTL 开路输出 2 输入端四与非缓冲器

74390　　TTL 双十进制计数器

74393　　TTL 双四位二进制计数器

7440　　TTL 4 输入端双与非缓冲器

7442　　TTL BCD-十进制代码转换器

74447　　TTL BCD-7 段译码器/驱动器

7445　　TTL BCD-十进制代码转换/驱动器

74450　　TTL 16∶1 多路转接复用器多工器

74451　　TTL 双 8∶1 多路转接复用器多工器

74453　　TTL 四 4∶1 多路转接复用器多工器

7446　　TTL BCD—7 段低有效译码/驱动器

74460　　TTL 十位比较器

74461　　TTL 八进制计数器

74465　　TTL 三态同相 2 与使能端八总线缓冲器

74466　　TTL 三态反相 2 与使能端八总线缓冲器

74467　　TTL 三态同相 2 使能端八总线缓冲器

74468　　TTL 三态反相 2 使能端八总线缓冲器

74469　　TTL 八位双向计数器

7447　　TTL BCD—7 段高有效译码/驱动器

7448　　TTL BCD—7 段译码器/内部上拉输出驱动

74490　　TTL 双十进制计数器 74491

74498　　TTL 八进制移位寄存器

7450　　TTL 2-3/2-2 输入端双与或非门

74502　　TTL 八位逐次逼近寄存器

74503　　TTL 八位逐次逼近寄存器

7451　　TTL 2-3/2-2 输入端双与或非门

74533　　TTL 三态反相八 D 锁存器

74534　　TTL 三态反相八 D 锁存器

7454　　TTL 四路输入与或非门

74540　　TTL 八位三态反相输出总线缓冲器

7455　　TTL 4 输入端二路输入与或非门

74563　　TTL 八位三态反相输出触发器

74564　　TTL 八位三态反相输出 D 触发器

74573　　TTL 八位三态输出触发器

74574　　TTL 八位三态输出 D 触发器

74645　　TTL 三态输出八同相总线传送接收器

74670　　TTL 三态输出 4×4 寄存器堆

7473　　　TTL 带清除负触发双 J-K 触发器

7474　　　TTL 带置位复位正触发双 D 触发器

7476　　　TTL 带预置清除双 J-K 触发器

7483　　　TTL 四位二进制快速进位全加器

7485　　　TTL 四位数字比较器

7486　　　TTL 2 输入端四异或门

7490　　　TTL 可二/五分频十进制计数器

7493　　　TTL 可二/八分频二进制计数器

7495　　　TTL 四位并行输入\输出移位寄存器

7497　　　TTL 6 位同步二进制乘法器

参 考 文 献

[1] 林春英. 电路与磁路[M]. 北京：中国电力出版社，2007.

[2] 李若英. 电工电子技术基础[M]. 4 版. 重庆：重庆大学出版社，2014.

[3] 王成安. 现代电子技术基础（上册）[M]. 北京：机械工业出版社，2007.

[4] 章彬宏，吴青萍. 模拟电子技术[M]. 北京：北京理工大学出版社，2008.

[5] 贺力克，邱丽芳. 数字电子技术项目教程[M]. 北京：机械工业出版社，2012.

[6] 牟淑杰，王玉湘. 电工电子技术[M]. 北京：北京理工大学出版社，2009.

[7] 沈尚贤，电子技术导论[M]，北京：高等教育出版社，1985.

[8] 谢嘉奎. 电子线路（第四版）[M]，北京：高等教育出版社，1999.

[9] 冯民昌. 模拟集成电路系统（第 2 版）[M]. 北京：中国铁道出版社，1998.

[10] 汪惠，王志华. 电子电路的计算机辅助分析与设计方法[M]. 北京：清华大学出版社，1996.

[11] 吴运昌. 模拟集成电路原理与应用[M]，广州：华南理工大学出版社，1995.

[12] 沙占友，李学芝，邱凯. 新型数字电压表原理与应用[M]. 北京：国防工业出版社，1998.

[13] 王汝君，钱秀珍. 模拟集成电子电路（上）（下）[M]. 南京：东南大学出版社，1993.

[14] 陈大钦. 模拟电子技术基础[M]，北京：高等教育出版社，2000.

[15] 杨素行. 模拟电子电路[M]. 北京：中央广播电视大学出版社，1994.

[16] 杨素行. 模拟电子技术简明教程（第二版）[M]. 北京：高等教育出版社，1998.

[17] 童诗白. 模拟电子技术基础（第二版）[M]. 北京：高等教育出版社，1988.

[18] 童诗白. 模拟电子技术基础（上下册）[M]. 北京：人民教育出版社，1983.

[19] 华成英. 电子技术[M]. 北京：中央广播电视大学出版社，1996.

[20] 王川. 模拟电子技术应用基础[M]. 北京：电子工业出版社，2011.